U0170047

预拌混凝土试验技术实用手册

北京市混凝土协会　主编

中国建材工业出版社

北　京

图书在版编目（CIP）数据

预拌混凝土试验技术实用手册/北京市混凝土协会
主编．--北京：中国建材工业出版社，2024.5
ISBN 978-7-5160-4053-9

Ⅰ.①预⋯　Ⅱ.①北⋯　Ⅲ.①预搅拌混凝土—试验—
技术手册　Ⅳ.①TU528.52-62

中国国家版本馆 CIP 数据核字（2024）第 040433 号

预拌混凝土试验技术实用手册
YUBAN HUNNINGTU SHIYAN JISHU SHIYONG SHOUCE
北京市混凝土协会　主编

出版发行：中国建材工业出版社
地　　　址：北京市西城区白纸坊东街 2 号院 6 号楼
邮　　编：100032
经　　销：全国各地新华书店
印　　刷：北京雁林吉兆印刷有限公司
开　　本：787mm×1092mm　1/16
印　　张：12.25
字　　数：280 千字
版　　次：2024 年 5 月第 1 版
印　　次：2024 年 5 月第 1 次
定　　价：49.80 元

《预拌混凝土试验技术实用手册》

编 委 会

主 编

齐文丽　李彦昌

编 委

刘　霞　　楚建平　　韩小华　　谢开嫣　　高金枝

李俊亮　　王海波　　李洪萍　　刘亚平　　于　明

张全贵　　孔凡敏　　马雪英　　季　红　　佟　琳

孙　义　　赵志明

前　　言

　　以波特兰水泥为胶凝材料的普通混凝土已经走过一百多年的历史，在这段不算漫长的历史中，混凝土大大改善了人类居住、交通以及公用设施等环境，为人类社会的发展进步做出了突出贡献。我国改革开放后的几十年来，混凝土发展迅猛，特别是近十多年来，我国预拌混凝土作为一种先进技术在全国取得了长期的高速发展，为我国的建设事业打下了坚实的基础。然而，长期缺乏节制的以环境为代价的发展模式带来了资源枯竭、环境恶化等严重后果，警示我们必须创新模式，发展环境友好型企业。近年来，固废利用、环境修复等有利于长期发展的循环经济得以长足发展，而预拌混凝土行业也由此迈入了新的历史时期。

　　预拌混凝土相关的质量事故频发，不仅造成了巨大的资源浪费，也给预拌混凝土行业发展抹上一层阴影，因此，提高预拌混凝土质量，尽力避免预拌混凝土质量事故已经成为行业发展极为迫切的需求。

　　试验对于控制预拌混凝土质量至关重要，因此预拌混凝土企业的各种试验受到广泛重视。就预拌混凝土企业而言，试验包括原材料性能、混凝土配合比、混凝土拌和物性能、混凝土力学性能、混凝土长期性能和耐久性能等试验。为了不断提高试验水平，增强预拌混凝土企业试验能力，保证试验准确性，为预拌混凝土质量控制提供重要依据，北京市混凝土协会组织业内专家编写了本书——《预拌混凝土试验技术实用手册》。本书参编专家总结多年从业经验，特别是各自在不同企业、不同岗位、不同试验环境下的试验经历，对于常见的预拌混凝土试验进行认真梳理，为广大从事预拌混凝土试验的技术人员提供了丰富的参考资料。本书同时可以作为业内有关专业人员的参考书，也可以作为施工企业试验人员的重要参考书。

　　本书共七章：第一章为试验管理及基础知识；第二章为混凝土原材料性能试验；第三章为混凝土配合比设计和试验；第四章为混凝土拌和物性能试验；第五章为混凝土力学性能试验；第六章为混凝土长期性能和耐久性能试验；第七章为试验检测仪器设备管理。

　　受编写者知识所限，本书难免出现疏漏和不足之处，期望广大读者批评指正。

编　者

2023 年 12 月

目　　录

第一章 试验管理及基础知识

预拌混凝土试验是依据现行技术标准和规范，对混凝土的原材料及混凝土进行物理、化学性能测试，判定其是否满足规定的质量要求的过程。只有在各项试验结果正确、可靠的前提下，才可能对质量做出正确的判断。所以，试验是企业质量把关的主要技术手段，是为质量控制、评价、改进以及提高产品质量、开发新产品等工作提供技术依据。在系统学习预拌混凝土试验前，应首先了解相关的基础知识。

第一节 概 述

一、试验的定义

在预拌混凝土日常的生产管理中总能看到许多人将"实验"和"试验"混用，那么这两个词是否可以通用，又有什么不同？

《现代汉语词典》中对"实验"和"试验"的定义如下。

实验：为了检验某种科学理论或假设而进行某种操作或从事某种活动。

试验：为了察看某事的结果或某物的性能而从事某种活动。

由此可看出：实验是对抽象的知识理论所做的现实操作，用来证明它正确或者推导出新的结论，它是相对于知识理论的实际操作；试验是对事物或社会对象的一种检测性的操作，用来检测正常操作或临界操作的运行过程、运行状况等，它是就事论事的。

建筑工程的检测是依据已有的标准去验证产品或材料是否达标，即采用固定的测试手段来获取或验证某一结果的行为。因而预拌混凝土企业的混凝土及原材料抽样检测均是试验，为控制混凝土质量而开展试验工作的部门则为试验室。

二、试验室的设置

中华人民共和国住房和城乡建设部《建筑业企业资质标准》（建市〔2014〕159号，于2015年1月1日起实施）中第15项对预拌混凝土专业承包资质要求需具有混凝土试验室。

北京市地方标准《建设工程检测试验管理规程》（DB11/T 386—2017）中第3.4条中要求预拌混凝土试验室试验工作主要包括3方面：1）水泥、砂、石、矿物掺和料、混凝土外加剂等原材料进厂复试；2）混凝土配合比试验管理；3）混凝土试件制作、养护及试验。

1. 人员配备

按要求配备试验室主任一人，满足试验要求的试验管理及试验员等各类人员若干，保证每项试验至少有两人（除数据可自动采集且有视频监控可一人外）共同完成。

按住房城乡建设部《建筑业企业资质标准》中要求：试验室负责人需具有 2 年以上混凝土试验室工作经历，且具有工程序列中级以上职称或注册建造师执业资格；混凝土试验员不少于 4 人。

2. 工作场所、环境设施及仪器、设备的配备

按所需开展的试验考虑生产能力和实际产量配备相应的试验仪器、设备等，工作场所及环境应与所开展的试验相适应，各种仪器设备布局要合理。

3. 试验物资及相关标准配备

配备试验所需的其他物资，如标准样、试剂等，试验所需的国家标准、行业标准、地方标准和团体标准、企业标准。

4. 试验室的管理制度

包括质量责任制、样品管理制度、资料管理制度、试验管理制度、仪器设备管理制度、物资管理制度等。

三、试验室的工作职责及工作流程

试验室的基本工作准则：坚持公正性、科学性、及时性。

1. 试验室的工作职责

（1）快速、准确地完成各项试验工作，出具试验数据（报告）。

（2）负责对进场原材料依据技术标准、合同和技术文件的有关规定，进行进货验收检验及复试检验。

（3）负责混凝土配合比试验、生产过程中混凝土性能的试验检验。

（4）负责混凝土的合格评定试验检验及耐久性试验。

（5）承担企业对混凝土质量改进和新产品研制开发工作中的试验检验工作。

（6）及时反馈和报告混凝土生产过程中的质量信息，为纠正和预防质量问题提出意见。

2. 试验的工作流程

（1）明确试验依据

做每项试验前，首先要明确试验依据的技术标准规范，熟悉和正确掌握技术要求和试验条件。必要时，在完全理解试验依据的基础上，编制便于操作的具体试验程序和方法，以防止试验依据出现偏差，保证具体操作上的一致性。

（2）样品的抽取

为了使抽取的样品具有代表性，且真实完整，应制定相应的管理办法，明确抽样、封样、记录、取送方式等要求。

（3）样品的管理和试样的制备

为了保证样品的完好，不污染、不损坏、不变质，符合试验技术要求，应编制样品质量控制措施。需要制备试样时，还应制定制备程序和方法。

（4）外部供应的物品

对试验工作需用的从外部购进的材料、试剂、器件等物品，应有明确的质量要求和进行验收的质量控制措施。

（5）环境条件

应有满足符合技术要求的工作环境，并有必要的监控环境技术参数的技术措施。

（6）试验操作

试验人员应依据技术标准和规范规定的方法，正确、规范地进行试验操作，及时准确地记录和采集试验数据。

（7）试验计算和数据处理

依据检验规范的有关规定，对试验数值进行正确的计算和数据处理，并经过校对验证，以确保结果正确无误。

（8）试验报告的编制和审定

试验报告的内容应完整，填写应规范、清晰，结果判定应准确，并执行校核、审批程序。

第二节　试验管理

一、样品的管理

（1）按要求（标准或合同）制定具体的抽样方案，认真做好抽样工作记录。

（2）对样品的接收、保管、领用、传递、处理等过程进行严格管理，以确保样品不污染、不损坏、不变质、保持完好的原始状态。

（3）样品保管应分类存放，账物相符。样品的保管应有明显的标识，如样品的品种、规格型号、数量等，同时要注明待检、在检、已检等。

（4）复验用的备用样品应妥善保存并做好标识和记录。

（5）样品存放场所应保持清洁，摆放整齐有序，环境（如温度、湿度等）应符合有关的技术要求。

（6）样品应规定保存期限，以及保存期满后的处理程序。对易燃、易爆、有毒、有害、污染环境的样品的处理应符合国家有关法规的规定。

（7）样品的领用和退回应办理交接手续，清点核实工作，交接人员应在记录上签字。

二、试验工作的质量控制

包括试验的准备、试验操作和记录、异常情况的处理及使用计算机试验的控制等。

1. 试验准备

（1）试验之前，应检查样品或试样的技术状态是否完好。

（2）试验用仪器精度和准确度是否符合要求，是否在检定或校准有效期内。

（3）环境技术条件是否满足试验的技术要求。

（4）样品、仪器设备及环境状态的检查结果应如实记录。

2. 试验操作和记录

（1）试验人员按照操作规程进行试验，并做好原始记录。

（2）试验结束后，再次对仪器设备的技术状态和环境技术条件进行检查，看其是否处于正常状态。如出现异常，应查明原因，并对试验结果的可靠性进行验证。

3. 异常情况的处理

（1）试验数据发生异常时，应查清原因，纠正后方可继续试验。

（2）因外界干扰（如停电、停水等）影响试验结果时，试验人员应中止试验，待排除干扰后重新试验，原试验数据失效，并记录干扰情况。

（3）因仪器设备出现故障而中断试验时，原试验数据失效，故障排除后，经校准合格，方可重新试验。

（4）在试验过程中发现样品或试样损坏、变质、污染，无法得出正确的试验数据时，应改用备用样品或者重新抽取样品进行试验，以后者试验数据为准，不得将前后二者的试验数据拼凑在一起。

4. 使用信息化控制

使用计算机采集、处理、运算、记录、报告、储存试验数据时，应进行必要的质量控制，以保证试验数据的可靠性和完整性。

三、试验记录和报告

试验原始记录是试验数据和结果的书面载体，是表明质量的客观证据，是分析质量问题、溯源并采取纠正和预防措施的重要依据。应加强对试验记录的质量控制，对试验记录的格式、标识、填记、校核、更改、存档等应有具体的规定。

（1）试验记录应做到真实、准确、完整、清晰。记录的项目应完整，空白项应画一斜线。

（2）试验记录发生记错数字时，应及时更正。更改的方法应采取"杠改"的办法，即在错误的数字上画一水平线，将正确的数字填写在其上方或下方，加盖更改人的印章或签名。更改只能由试验记录人进行，他人不得代替更改。不允许用铅笔记录，也不允许用涂改液更改。

（3）试验记录应由试验人和校核人本人签名。

（4）数据处理应符合误差分析和有关技术标准的规定。

四、数据处理的相关要求

1. 有效数字的概念

有效数字是指这一数值中，除末位数字可疑或不准确外，其余数字都是准确的。

2. 数据的修约规则

数据的修约规则应按国家标准《数值修约规则与极限数值的表示和判定》（GB/T 8170—2008）中的规定进行。

1）进舍规则（四舍六入五单双）

（1）拟舍弃数字的最左一位数字小于5，则舍去，保留其余各位数字不变。

例：将12.1498修约到个数位，得12；将12.1498修约到一位小数，得12.1。

（2）拟舍弃数字的最左一位数字大于5，则进一，即保留数字的末位数字加1。

例：将1268修约到"百"数位，得13×10^2。

（3）拟舍弃数字的最左一位数字等于5，且其后有非0数字时进一，即保留数字的末位数字加 1。

例：将 10.5002 修约到个数位，得 11。

（4）拟舍弃数字的最左一位数字等于 5，且其后无数字或皆为 0 时，若所保留数字的末位数字为奇数（1，3，5，7，9）则进一，即保留数字的末位数字加 1；若所保留的末位数字为偶数（0，2，4，6，8）则舍去。

例 1：修约间隔为 0.1（或 10^{-1}）

拟修约数值	修约值
1.050	10×10^{-1}（特定场合可写为 1.0）
0.35	4×10^{-1}（特定场合可写为 0.4）

例 2：修约间隔为 1000（或 10^3）

拟修约数值	修约值
2500	2×10^3（特定场合可写为 2000）
3500	4×10^3（特定场合可写为 4000）

2）0.5 单位修约（半个单位修约）

0.5 单位修约是指按指定修约间隔对拟修约的数值 0.5 单位进行的修约。

0.5 单位修约方法如下：将拟修约数值 X 乘以 2，按指定修约间隔对 2X 依修约规则修约，所得数值（2X 修约值）再除以 2。

例：将下列数字修约到"个"数位的 0.5 单位修约。

拟修约数值 X	2X	2X 修约值	X 修约值
60.25	120.50	120	60.0
60.38	120.76	121	60.5
60.28	120.56	121	60.5
−60.75	−121.50	−122	−61.0

修约间隔：修约值的最小数值单位。

注：修约间隔的数值一经确定，修约值即为该数值的整数倍。

例 1：如指定修约间隔为 0.1，修约值应在 0.1 的整数倍中选取，相当于将数值修约到一位小数，或精确到 0.1 或取小数点后一位数。

例 2：如指定修约间隔为 100，修约值应在 100 的整数倍中选取，相当于将数值修约到"百"数位。

3）不允许连续修约

拟修约数字应在确定修约间隔或指定修约数位后一次修约获得结果，不得多次按上述规则连续修约。

例 1：修约 97.46，修约间隔为 1。

正确的做法：97.46→97。

不正确的做法：97.46→97.5→98。

例 2：修约 15.454 6，修约间隔为 1。

正确的做法：15.4546→15。

不正确的做法：15.454 6→15.455→15.46→ 15.5→16。

五、试验误差及控制

1. 误差的概念

误差是指实际测量值与真实值之间的差异，这些差异可能会导致不准确的结果和结论。

2. 误差的分类

误差可以分为3种类型：系统误差、随机误差和人为误差。

系统误差：系统误差是由于试验仪器或试验装置本身的固有特性引起的误差。例如，仪器的读数不准确或者使用了不同的试验设备等。这种误差通常是有规律的，并且会在每次试验中出现相同的差异。

随机误差：随机误差是由于试验过程中的一些随机因素引起的误差。例如，不同试验员的操作习惯、试验环境的变化、试样本身的不均匀性等。这种误差通常是无规律的，并且每次试验都可能不同。

人为误差：人为误差是由于试验员的主观因素引起的误差。例如，读数时的主观判断、试验员的操作技能等。这种误差通常是可以避免的，需要试验员具备一定的专业技能和经验。

3. 降低误差的措施

降低误差需要从以下几个方面考虑：

（1）选择合适的试验仪器和试验装置，定期对仪器设备进行校验，确保其精度和稳定性。

（2）对试验环境进行必要的控制，避免外界因素对试验结果的影响。

（3）按要求对试验样品进行充分的准备和处理，确保样品的均匀性和代表性。

（4）对试验员进行培训，提高其操作技能和专业水平。特别是在一些需要主观判断的操作中，应该注意对试验员的指导和监督。

（5）认真对待平行试验，有效降低随机误差的影响。

（6）对试验过程进行记录和分析，及时发现和排除误差的来源，必要时可与其他单位进行比对试验，以提高试验结果的可靠性。

总之，降低误差需要试验员具备扎实的专业技能和经验，同时需要在试验过程中进行全方位的控制和监督，从而获得更加准确和可靠的试验结果。采用先进的技术手段（如试验的信息化、智能化）亦可有效地降低试验误差。

第三节　试验自动化、信息化与智能化

预拌混凝土行业作为传统制造业，管理水平良莠不齐、管理方式粗放，如何通过提升试验精细化管理水平，实现高质量发展，是必须重视的问题。采用数字化技术进行企业的转型升级、提质增效，将混凝土试验、生产质量控制、经营管理与现代信息技术进行深度融合，是实现混凝土行业高质量发展的必由之路。随着信息化技术的不断发展，以互联网、大数据、人工智能为代表的新一代信息技术，给试验工作带来了新的机遇。信息化、数字化、智能化、网络化将成为试验检测行业的发展方向，提升试验信息化水

平迫在眉睫。

试验检测是搅拌站质量控制的主要手段，包括原材料检验、配合比设计、混凝土试验等。试验检测数据对质量控制和生产过程调整等工作起到了重要的指导作用，从而使得混凝土质量得到控制和保证。试验室只有不断提升信息化水平，实现各试验过程的自动化，并与 ERP（企业资源计划）管理软件或移动 App 联动，才能充分发挥其作用。

一、原材料试验自动化、信息化与智能化

1. 原材料试验自动委托

设定各原材料的委托规则，包括检验批、检验项目、检验频次等，ERP 自动按照规则统计原材料进场数量并自动进行试验委托，委托的同时自动提醒试验员或材料员进行取样。自动委托可减少原来手动委托批次不准确、不及时等问题，避免了检验频率达不到要求等高风险问题。

2. 原材料使用自动电子台账

每一试验批次的原材料均要在使用时出具检验报告等资料，通过原材料使用自动电子台账，可以追溯每个试验批次的原材料使用的工程信息、任务单编号、任务方量、使用时间等，规范资料出具环节，避免试验编号更新不及时等问题。

3. 骨料进场自动取样检验

在磅房地磅上，或者其他位置装备自动取样检测系统，检测骨料含水率、含泥量和级配等指标，有效提高原材料进场检验效率，及时反馈对混凝土影响最大的骨料的质量变化，对质量控制起到了非常及时的提醒和反馈作用。

4. 机制砂亚甲蓝试验自动化

亚甲蓝指标是机制砂的重要质量参数，直接影响混凝土工作性能。自动进行试验可以有效提醒质检员及时进行施工配合比调整，合理控制坍落度损失，确保混凝土质量。

5. 其他原材料试验自动化

按照目前原材料试验信息化发展趋势，其他原材料的自动化检验设备也将逐渐研发并投入市场，企业应积极地应用，不断迭代更新，使自动化检验技术不断提升。

二、混凝土试验自动化、信息化与智能化

1. 温湿度自动控制

合适的温湿度是保证试验结果的前提，混凝土试验室安装智能温湿度控制系统，可实时检测试验间的温度和湿度，并根据设定的控制值进行自动控制。同时采用大屏集中显示，可以有效做到实时监控和数据记录。

2. 试配机器人

将原材料和配合比设计的各个参数导入配合比设计软件，实现自动称量、下料、搅拌，可以有效提高试配效率，减轻试验员工作强度。

3. 混凝土抗压试验自动化

抗压试验机器人可以实现混凝土试块的自动抓取、放置、试压、记录、清扫等过程，通过扫描试块二维码获取试块信息，自动读入 ERP 系统；试压过程和曲线自动录屏存档；试验数据自动录入系统，实现抗压试验记录电子化。

4. 抗渗试验自动化

传统的混凝土抗渗仪进行抗渗试验，试验设备占地面积大、试件密封及装脱模困难、试验操作烦琐。混凝土抗渗试验自动化，实现了混凝土抗渗试件自动密封、自动装脱模、自动检测漏水、数据上传等功能，试验过程无需人工操作。抗渗试验自动化大大简化了原来烦琐的抗渗试验过程，提高试验效率，实现抗渗过程全程记录可追溯，减少了企业管理成本和质量风险。

5. 混凝土凝结时间试验自动化

混凝土凝结时间试验过程烦琐，已有混凝土全自动凝结时间测定设备，可全自动测量混凝土和砂浆的凝结时间，采用智能 3D（三维）运动、工控触摸屏等国际高效的开发应用技术，采用四轴机器人全智能自动化测量、自动清洗测针，可以对位置压力数据进行标定，烦琐的凝结时间测定工作变得简单，只需一键操作，即可等待结果，试验数据通过列表及拟合曲线显示，亦可以 Excel 报告导出。

6. 混凝土坍落度试验自动化

通过安装智能识别软件，对混凝土下料过程进行识别，给出工作性情况判断，同时通过声音提醒操作工和质检员，及时关注不合格或状态异常的混凝土，及时调整施工配合比。

7. 混凝土试件制作信息化

（1）混凝土试件制作信息化包括试块制作自动提醒、自动生成试块制作电子台账、试块二维码编号、所有试块按时间顺序自动编号等。

（2）试块制作自动提醒可以帮助质检员、试块工及时进行试块制作，在工控上进行提醒，可以锁定试块制作的当车混凝土，避免漏做试块。

（3）当混凝土生产方量大时，每天要制作的试块量也会增大，同时增大了试块工的劳动强度。自动生成试块制作电子台账功能可以减轻试块工在填写试块制作台账方面的劳动强度，使其更专注于试块制作过程的规范性。

（4）试块二维码编号可以避免编号错误、编号不规范的情况，同时二维码可以在后续的抗压、抗渗等试验过程作为信息获取的渠道。

第四节　混凝土基础知识

一、混凝土定义

《预拌混凝土》（GB/T 14902—2012）：在搅拌站（楼）生产的、通过运输设备送至使用地点的、交货时为拌和物的混凝土。

混凝土定义［《建筑材料术语标准》（JGJ/T 191—2009）］：以水泥、骨料和水为主要原材料，也可加入外加剂和矿物掺和料等材料，经拌和、成型、养护等工艺制作的、硬化后具有强度的工程材料。

二、混凝土分类

（1）按表观密度：重混凝土（干表观密度大于 2800kg/m³）、普通混凝土（干表观密度为 2000～2800kg/m³）与轻骨料混凝土（干表观密度不大于 1950kg/m³）。

（2）按强度等级：普通混凝土、高强混凝土、超高强混凝土。

（3）按工作性：特干硬性、干硬性、低流动性、流动性、大流动性、特大流动性（自密实）。

（4）按施工方法：灌浆混凝土、喷射混凝土、泵送混凝土、真空混凝土。

（5）按施工场地和季节：水下混凝土、海洋混凝土、冬期施工混凝土、高温雨季混凝土等。

（6）按用途：结构用混凝土、防辐射混凝土、大坝混凝土、道路混凝土、隧道混凝土、耐蚀混凝土、耐热混凝土、耐火混凝土等。

（7）按配筋：素混凝土、钢筋混凝土、预应力钢筋混凝土。

（8）特殊性能：轻骨料混凝土、膨胀混凝土、高强混凝土、防辐射混凝土、自密实混凝土、纤维混凝土、大体积混凝土、清水混凝土、泡沫混凝土、水下不分散混凝土、钢管混凝土、聚合物混凝土、树脂混凝土、硫黄混凝土、沥青混凝土、白色和彩色混凝土、重矿渣混凝土等。

三、混凝土代号

常见混凝土的代号见表1-1。

表 1-1　相关混凝土代号

混凝土种类	普通混凝土	高强混凝土	自密实混凝土	纤维混凝土	轻骨料混凝土	重混凝土
混凝土种类代号	A	H	S	F	L	W
强度等级代号	C	C	C	C（合成纤维）CF（钢纤维）	LC	C

四、混凝土性能

拌和物性能：稠度（稠度，维勃稠度或扩展度）、经时损失、和易性（离析和泌水）、凝结时间等。

力学性能：抗压、抗折、轴心抗压强度、静力受压弹性模量、劈裂抗拉强度等。

长期和耐久性能：抗冻、抗渗、抗硫酸盐侵蚀、抗氯离子渗透、抗碳化等。

五、混凝土相关的基础知识

1. 密度

指材料在绝对密实状态下单位体积的质量。用式（1-1）表示：

$$\rho = m/v \tag{1-1}$$

式中　ρ——材料的密度（g/cm^3）；

　　　m——材料的绝干质量（g）；

　　　v——材料在绝对密实状态下的体积，简称为绝对体积或实体积（cm^3）。

2. 表观密度

指材料在自然状态下单位体积的质量，用式（1-2）表示：

$$\rho_0 = m/v_0 \qquad\qquad (1\text{-}2)$$

式中　ρ_0——材料的表观密度（g/cm³）；

　　　m——材料的绝干质量（g）；

　　　v_0——材料在自然状态下的体积，简称为自然体积或表观体积（包括材料的实体积和所含孔隙体积）（cm³）。

表观密度建立了材料自然体积与质量之间的关系，在建筑工程中可用来计算材料用量、构件自重、确定材料的堆放空间等。

3. 孔隙率

是指材料内部孔隙体积占其总体积的百分率，用式（1-3）表示：

$$P = (V_0 - V)/V_0 \times 100\% = (1 - \rho_0/\rho) \times 100\% \qquad (1\text{-}3)$$

式中　P——材料的孔隙率（%）；

　　　V_0——材料的自然体积（cm³ 或 m³）；

　　　V——材料的绝对密实体积（cm³ 或 m³）。

材料孔隙率的大小直接反映材料的密实程度。孔隙率高，则表示密实程度小。

孔隙分为开口孔隙和闭口孔隙。孔隙率和孔隙特征反映材料的密实程度，并与材料的许多性质都有密切关系，如强度、吸水性、保温性、耐久性等。

4. 空隙率

是指散粒或粉状材料颗粒之间的空隙体积占其自然堆积体积的百分率，用式（1-4）表示：

$$P = (V_0 - V)/V_0 \times 100\% = (1 - \rho_0/\rho) \times 100\% \qquad (1\text{-}4)$$

式中　P——材料的空隙率（%）；

　　　V_0——材料的自然堆积体积（cm³ 或 m³）；

　　　V——材料的颗粒体积（cm³ 或 m³）。

空隙率在配制混凝土时可作为控制砂、石级配与计算配合比时的重要依据。

材料的密度、表观密度、孔隙率或空隙率是认识材料、了解材料性质与应用的重要指标，所以常称为材料的基本物理性质。

5. 吸水性（吸水率）

材料浸入水中吸收水分的能力称为吸水性。吸水性的大小常以吸水率表示，见式（1-5）：

$$W_m = m_w/m \times 100\% = (m_{sw} - m)/m \times 100\% \qquad (1\text{-}5)$$

式中　W_m——材料的质量吸水率（%）；

　　　m_w——材料吸饱水时所吸入的水量（g）；

　　　m_{sw}——材料吸饱水时的质量（g）；

　　　m——材料的绝干质量（g）。

6. 吸湿性

材料在潮湿空气中吸收水分的性质称为吸湿性，材料的吸湿性常以含水率表示，可用式（1-6）表示：

$$W = (m_w - m)/m \times 100\% \qquad (1\text{-}6)$$

式中　W——材料的含水率（%）；

　　　m_w——材料含水时的质量（g）；

m——材料的绝干质量（g）。

材料的吸水性和吸湿性不仅取决于材料本身是亲水的还是憎水的，还与材料的孔隙率和孔隙特征有关。一般来说，孔隙率大，则吸水性大。但若闭口孔隙，水分则不易吸入；而粗大的开口孔隙，水分虽容易渗入，但不易存留，仅能润湿孔壁表面，不易吸满。只有当材料具有微小而连通的孔隙（如毛细孔）时，其吸水性和吸湿性才很强。

材料吸水后，对材料性质将产生一系列不良影响，它会使材料的表观密度增大、体积膨胀、强度下降、保温性下降、抗冻性变差等，所以吸水率大对材料性质是不利的。

7. 抗渗性

材料抵抗压力水渗透的性质称为抗渗性（不透水性），用两种指标来表示：抗渗系数和抗渗等级。

抗渗等级是材料在标准试验方法下进行透水试验，以规定的试件在透水前所能承受的最大水压力来确定的。抗渗等级越高，材料的抗渗性能越好。

材料抗渗性好坏，与其孔隙率和孔隙特征有关。绝对密实的材料和具有闭口孔隙的材料，或具有极细孔隙的材料，实际上可认为是不透水的。开口大孔最易渗水，故其抗渗性最差。此外，材料的抗渗性还与其亲水性或憎水性有关，亲水性材料的毛细孔由于毛细作用而有利于水的渗透。

8. 抗冻性

材料在吸水饱和状态下，能经受多次冻融循环作用而不被破坏，同时也不严重降低强度的性质称为抗冻性。工程材料的抗冻性用抗冻等级表示。

材料冻结破坏的原因，是由于其内部孔隙中的水结冰产生体积膨胀（大约 9%）而造成的。当材料的孔隙中充满水时，水结冰后体积膨胀，对孔壁产生很大的拉应力，如果该应力超过材料的抗拉强度时，孔壁开裂，孔隙率增加，强度下降。冻融循环次数越多，对材料的破坏越严重，甚至造成材料的完全破坏。

影响材料抗冻性的因素有内因和外因。内因是指材料的组成、强度、耐水性等。外因是指材料孔隙中充水的程度、冻结温度、冻结速度、冻融频率等。

9. 强度

材料在外力作用下抵抗破坏的能力称为强度。

材料在建筑物上的外力主要有拉、压、弯、剪四种形式，因此在使用材料时要考虑材料的抗拉、抗压、抗弯以及抗剪强度。

材料的这四种强度值都是在静力试验测定的，总称为静力强度，可按式（1-7）计算：

$$f = P/A \qquad (1-7)$$

式中 f——材料的抗拉、抗压、抗剪强度（MPa）；

P——试件破坏时的最大荷载（N）；

A——试件受力面积（mm²）。

第五节　其他相关知识

一、标准化知识

《中华人民共和国标准化法》（2018 年 1 月 1 日起施行）对标准的制定、实施及法律责任做了规定。

1. 标准的分级

（1）标准包括国家标准、行业标准、地方标准和团体标准、企业标准。

（2）国家标准分为强制性标准、推荐性标准；行业标准、地方标准均是推荐性标准。

（3）强制性标准必须执行。对于违反强制性标准的行为，国家将依法追究当事人的法律责任。国家鼓励采用推荐性标准。

（4）推荐性国家标准、行业标准、地方标准、团体标准、企业标准的技术要求不得低于强制性国家标准的相关技术要求。

（5）国家鼓励社会团体、企业制定高于推荐性标准相关技术要求的团体标准、企业标准。

2. 标准的性质

（1）对保障人身健康和生命财产安全、国家安全、生态环境安全以及满足经济社会管理基本需要的技术要求，应当制定强制性国家标准。

（2）强制性国家标准由国务院批准发布或者授权批准发布。

（3）对满足基础通用、与强制性国家标准配套、对各有关行业起引领作用等需要的技术要求，可以制定推荐性国家标准。

（4）推荐性国家标准由国务院标准化行政主管部门制定。

3. 标准的表示方法

标准由标准名称、标准代号、编号和批准年份四部分组成。

1）国家标准的表示方法

例：国家标准（强制性）：《混凝土结构通用规范》（GB 55008—2021）。

国家标准（推荐性）：《预拌混凝土》（GB/T 14902—2012）。

工程建设国家标准的起始顺序号为 50001，例如工程建设国家标准：《混凝土结构工程施工质量验收规范》（GB 50204—2015），《混凝土强度检验评定标准》（GB/T 50107—2010）。

2）行业标准的表示方法

工程建设领域的部分行业在参照表 1-2 代码的基础上，采用代码后增加字母"J"的方式表示工程建设行业标准。

表1-2　行业标准的封面要标明备案号

序号	行业标准名称	行业标准代码	主管部门
1	水利	SL	水利部
2	黑色冶金	YB	国家冶金工业局
3	化工	HG	国家石油和化学工业局
4	建材	JC	国家建筑材料工业局
5	交通	JT	交通运输部
6	城镇建设	CJ	住房城乡建设部
7	建筑工业	JG	住房城乡建设部

例如：建筑工程行业标准的代码为"JGJ"［《普通混凝土配合比设计规程》（JGJ 55—2011）］，城镇建设行业标准的代码为"CJJ"，等等。

3）地方标准的表示方法

（1）地方标准的封面要标明备案号。

（2）地方标准由斜线表示的分数表示，分子为"DB＋省、自治区、直辖市行政区划代码"，分母为"标准顺序号＋发布年代号"。

如：《建设工程检测试验管理规程》（DB11/T 386—2017）。

4. 建筑材料检验试验常用技术标准

1）产品标准

2）试验方法标准

3）相关的基础标准

4）技术规程、技术规范

5）相关标准及参考标准

二、计量单位及使用规则

1. 计量单位

我国法定计量单位由以下几部分组成。

（1）国际单位制的基本单位（7个）（表1-3）

表 1-3　国际单位制（SI）的构成（7个）

量的名称	单位名称	单位符号
长度	米	m
质量	千克	kg
时间	秒	s
电流强度	安（培）	A
热力学温度	开（尔文）	K
物质的量	摩（尔）	mol
发光强度	坎（德拉）	cd

（2）国际单位制的辅助单位（2个）（表1-4）

表 1-4　SI辅助单位（2个）

量的名称	单位名称	单位符号
平面角	弧度	rad
立体角	球面度	sr

（3）国际单位制中具有专门名称的导出单位（19个）（表1-5）

表 1-5　SI的19个具有专门名称的导出单位（10个相关）

量的名称	单位名称	单位符号	其他表示
频率	赫（兹）	Hz	s^{-1}
力	牛（顿）	N	$kg \cdot m/s^2$
压力、压强、应力	帕（斯卡）	Pa	N/m^2

量的名称	单位名称	单位符号	其他表示
能量、热量、功	焦（耳）	J	N·m
功率、辐射通量	瓦（特）	W	J/s
电荷量	库（仑）	C	A·s
电压、电位、电动势	伏（特）	V	W/A
电容	法（拉）	F	C/V
电阻	欧（姆）	Ω	V/A
电导	西（门子）	S	A/V
摄氏温度	摄氏度	℃	
（放射性）活度	贝可（勒尔）	Bq	s^{-1}

（4）国家选定的非国际单位制单位（11个）（表1-6）

表1-6　国家选定的非国际单位制单位（常用6个）

量的名称	单位名称	单位符号	备注
时间	分、（小）时、天（日）	min、h、d	
平面角	（角）秒、分、度	(″)、(′)、(°)	角度单位符号不处于数字后时，加括号
旋转速度	转每分	r/min	$1r/min = (1/60) \ s^{-1}$
质量	吨	t	
体积	升	L（l）	小写为备用符号
面积	公顷	hm^2	$1hm^2 = 10000m^2$

（5）由词头和以上单位所构成的十进倍数和分数单位（表1-7）

表1-7　用于构成十进倍数和分数单位的词头（常用）

所表示的因数	词头名称	词头符号	所表示的因数	词头名称	词头符号
10^6	兆	M	10^{-1}	分	d
10^3	千	k	10^{-2}	厘	c
10^2	百	h	10^{-3}	毫	m
10^1	十	da	10^{-6}	微	μ

　　上述词头不能单独使用，也不能重叠使用，仅用于与SI单位（kg除外）构成S的十进倍数单位和十进分数单位。相应于因数10^3（含）以下的词头符号必须用小写正体，大于10^6（含）的词头符号必须用大写正体，从10^3到10^{-3}是十进位，其余为千进位。

　　2. 使用规则

　　1）关于单位的名称

　　（1）关于单位的名称及其简称都已有明确的规定。简称在不致混淆的情况等效它的全称使用。如"毫安"而不用"毫安培"，当然也不排斥"毫安培"。

　　（2）组合单位的名称与其符号书写的次序一致。符号中的乘号没有对应的名称，符号中的除号对应名称为"每"，无论分母中有几个单位，"每"只在有除号的地方出现一次。如：m/s^2，其名称为"米每二次方秒"，而不是"米每秒每秒"；$kW \cdot h$ 的名称"千瓦小时"，而不是"千瓦乘小时"。

（3）乘方形式的单位名称，其顺序是指数名称在单位的名称之前，相应指数名称由数字加"次方"二字而成。如：m^4 的名称为"四次方米"，而不是"米四次方"。

（4）指数是负 1 的单位，或分子为 1 的单位，其名称以"每"字开头。如：$^0C^{-1}$ 或 K^{-1} 其名称为"每摄氏度"或"每开尔文"。

（5）如果长度的 2 次和 3 次幂是指面积和体积，则相应的指数名称为"平方"或"立方"，并置于长度单位的名称之前，否则应称为"二次方"和"三次方"。如：m^3 的名称为"立方米"，不能称为"米立方"或"三次方米"；面积的常用单位符号 km^2 的名称为"平方千米"，不能称为"千米平方"或"二次方千米"。

（6）书写单位名称时，在其中不应加任何表示乘或除的符号或其他符号。如：$N \cdot m$ 的名称写为"牛顿米"，也可简写为"牛米"，但不能写为"牛顿·米"或"牛·米"。

2）关于词头的名称

（1）词头的名称永远紧接单位名称而不得在其间插入其他词。例：面积单位 km^2 的名称只能是"平方千米"，而不能是"千平方米"。

（2）在书写中作词头用的数词如带来混淆有必要明确区分时，可采用括号。例：3km 与 3000m 的名称均为"三千米"，必要时，前者写为三（千米），后者写为"三千米"。

3）关于单位和词头的符号

（1）单位和词头的符号所用字母一律为正体。

（2）单位符号字母一般为小写体，但如单位名称来源于人名者，符号的第一个字母为大写体。例：min、Pa。常出现的错误：米 M、吨 T、千克 kG。

（3）词头的符号字母，当所表示的因数小于 10^3 为小写体，大于 10^6 为大写。例：千，10^3，k；兆，10^6，M。

第二章 混凝土原材料性能试验

随着建筑结构技术的发展，各种工程施工工艺的更新以及混凝土技术的不断进步，当前的混凝土早已成为一种多组分复合功能性材料。

原材料是实现混凝土性能的基础。只有了解各种原材料的基本性能参数和标准要求，熟悉搅拌站原材料质量控制项目，掌控原材料质量变化对混凝土质量的影响，及时做出正确判断，选择并准确使用原材料，才能获得性能优良、成本合理的混凝土。

水泥是混凝土最主要的组成材料。水泥质量的好坏及稳定性，决定了混凝土配制的难易和质量的波动幅度。水泥生产工艺、原料品位、混合材料的品种与用量、均化措施等都影响水泥质量。

骨料占混凝土总体积的 70%～80%，是混凝土的主要组成材料。骨料行业的不规范是导致骨料品质波动的最大因素，也是预拌混凝土技术从业者多年来最头痛的问题，控制上游产品质量对混凝土的质量尤为重要。搅拌站应加强进场原材料的控制，增加原材料的检测手段，保证骨料的品质。骨料骨架作用发挥如何，决定了混凝土稳定性、耐久性、经济性。

混凝土外加剂的研究与应用是继钢筋混凝土和预应力混凝土之后，混凝土发展史上第三次重大突破[1]。外加剂技术的发展是推动混凝土技术发展的重要动力，在外加剂技术的推动下，混凝土材料由塑性、干硬性进入到流态化的第三代。外加剂已经成为预拌混凝土必不可少的组分之一，是继水泥、骨料、水、掺和料之后的第五组分。

矿物掺和料已经从固废利用角色转变为混凝土的功能性材料，在大体积混凝土、高性能混凝土等场合发挥重要作用。目前常用的矿物掺和料主要有粉煤灰、粒化高炉矿渣粉、硅灰、石灰石粉、白云石粉等。

第一节 水泥试验

一、概述

水泥是一种水硬性无机胶凝材料，既能在水中硬化，又能在空气中硬化，能将砂、石等颗粒或纤维材料牢固地胶结在一起，形成具有一定强度的材料。由于水泥熟料矿物组分的差别，以及混合材料品种和掺量的差别，形成了不同的水泥品种。目前搅拌站常用的为通用硅酸盐水泥，本书以通用硅酸盐水泥为主要介绍对象，不涉及其他类型水泥。

水泥的质量与混凝土质量有着密切的关系，掌握水泥的性能具有重要的意义，因此我们要检验水泥指标，包括强度、细度、安定性和凝结时间。把控好水泥质量，有利于控制好混凝土质量。

《通用硅酸盐水泥》（GB 175—2023）于 2023 年 11 月 27 日发布，2024 年 6 月 1 日实施。本次修订在水泥细度、强度指标以及混合材品种等方面相对上一版做了较大改动。这些改动对混凝土拌和物性能和耐久性能具有一定有利影响，是水泥行业和预拌混凝土行业良好融合的结果。

二、定义、分类与等级

1. 定义

通用硅酸盐水泥是以硅酸盐水泥熟料和适量的石膏及规定的混合材料制成的水硬性胶凝材料。

2. 分类

通用硅酸盐水泥分为硅酸盐水泥（P·Ⅰ、P·Ⅱ）、普通硅酸盐水泥（P·O）、矿渣硅酸盐水泥（P·S·A、P·S·B）、粉煤灰硅酸盐水泥（P·F）、火山灰质硅酸盐水泥（P·P）、复合硅酸盐水泥（P·C）。

3. 强度等级

（1）硅酸盐水泥、普通硅酸盐水泥的强度等级分为 42.5、42.5R、52.5、52.5R、62.5、62.5R 六个等级；

（2）矿渣硅酸盐水泥、粉煤灰硅酸盐水泥、火山灰质硅酸盐水泥的强度等级分为 32.5、32.5R、42.5、42.5R、52.5、52.5R 六个等级；

（3）复合硅酸盐水泥的强度等级分为 42.5、42.5R、52.5、52.5R 四个等级。

三、技术指标

水泥物理指标主要有：凝结时间、安定性、强度和细度。

1. 凝结时间

硅酸盐水泥初凝时间不小于 45min，终凝时间不大于 390min；普通硅酸盐水泥、矿渣硅酸盐水泥、粉煤灰硅酸盐水泥、火山灰质硅酸盐水泥、复合硅酸盐水泥初凝时间不小于 45min，终凝时间不大于 600min。

2. 安定性

沸煮法合格、压蒸法合格。

3. 强度

水泥的强度是采用标准方法通过 0.50 水胶比的胶砂试件强度确定的。本书以常用普通硅酸盐水泥为例，其不同强度等级各龄期的强度应符合标准规定见表 2-1。

表 2-1 通用硅酸盐水泥强度指标

强度等级	抗压强度（MPa）		抗折强度（MPa）	
	3d	28d	3d	28d
32.5	≥12.0	≥32.5	≥3.0	≥5.5
32.5R	≥17.0		≥4.0	
42.5	≥17.0	≥42.5	≥4.0	≥6.5
42.5R	≥22.0		≥4.5	

续表

强度等级	抗压强度（MPa）		抗折强度（MPa）	
	3d	28d	3d	28d
52.5	≥22.0	≥52.5	≥4.5	≥7.0
52.5R	≥27.0		≥5.0	
62.5	≥27.0	≥62.5	≥5.0	≥8.0
62.5R	≥32.0		≥5.5	

4. 细度

硅酸盐水泥细度以比表面积表示，应不低于 $300m^2/kg$ 且不高于 $400m^2/kg$。普通硅酸盐水泥、矿渣硅酸盐水泥、粉煤灰硅酸盐水泥、火山灰质硅酸盐水泥、复合硅酸盐水泥的细度以 $45\mu m$ 方孔筛筛余表示，应不低于 5％。当买方有特殊要求时，由买卖双方协商确定。

四、取样方法

按《水泥取样方法》（GB/T 12573—2008）进行取样。

预拌混凝土企业，作为内部质量控制的取样方法，在保证样品具有代表性的前提下，可以根据实际情况确定，遇有争议时，应以标准取样方法为准。

五、必试项目和验收批

水泥必试项目和验收批见表 2-2。

表 2-2 水泥必试项目和验收批

标准	GB 50164—2011	DB11/T 385—2019	GB 55008—2021
必试项目	水泥主控项目应包括凝结时间、安定性、胶砂强度、氧化镁和氯离子含量，低碱水泥还应控制碱含量（2.1.2条）	水泥进场复试检验项目应包括强度、安定性、凝结时间、细度（比表面积）	结构混凝土用水泥主要控制指标包括凝结时间、安定性、胶砂强度和氯离子含量。水泥中使用的混合材品种和掺量应在出厂文件中明示
验收批	—	同厂家、同品种、同等级的散装水泥不超过 500t 为一检验批。当同厂家、同品种、同等级的散装水泥连续进场且质量稳定时，可按不超过 1000t 为一检验批	—

六、必试项目试验方法及注意事项

（一）胶砂强度试验

1. 试验的目的和意义

水泥的胶砂强度是水泥的重要技术指标，反映水泥的重要物理性能。用于判断水泥的强度是否符合国家标准；胶砂强度对指导水泥生产及在混凝土中合理使用水泥有重要意义。水泥胶砂强度是混凝土配合比设计的重要参数，试验误差直接影响混凝土配合比计算的准确性，影响混凝土的推定强度。

2. 试验方法

1）执行标准

《水泥胶砂强度检验方法（ISO法）》（GB/T 17671—2021）

2）设备与仪器

《试验筛 技术要求和检验 第1部分：金属丝编织网试验筛》（GB/T 6003.1—2022）：0.9mm方孔筛

《行星式水泥胶砂搅拌机》（JC/T 681—2022）

《水泥胶砂试体成型振实台》（JC/T 682—2022）：振实台应安装在高度约400mm的混凝土基座上。混凝土体积约为0.25m³，重约600kg。

《40mm×40mm水泥抗压夹具》（JC/T 683—2005）

《水泥胶砂振动台》（JC/T 723—2005）（标准里有，一般试验室不涉及）

《水泥胶砂电动抗折试验机》（JC/T 724—2005）抗折强度试验机：具有按50N/s±10N/s速率的均匀加荷能力。

《水泥胶砂强度自动压力试验机》（JC/T 960—2022）抗压强度试验机：具有按2400N/s±200N/s速率的均匀加荷能力。

《水泥胶砂试模》（JC/T 726—2005）：试模由隔板、端板、底板、紧固装置和定位销组成，可同时成型三条截面为40mm×40mm，长160mm的棱柱体且可拆卸。

3）试验条件及所需材料

（1）试验条件。

试验室的温度应保持在20℃±2℃，相对湿度不应低于50%。试验室温度和相对湿度在工作期间每天至少记录1次。

养护箱：带模养护试体养护箱的温度应保持在20℃±1℃，相对湿度不低于90%。养护箱的使用性能和结构应符合JC/T 959的要求。养护箱的温度和湿度在工作期间至少每4h记录1次。在自动控制的情况下记录次数可以酌减至每天2次。

养护水池：水养用养护水池（带箅子）的材料不应与水泥发生反应。试体养护池水温度应保持在20℃±1℃。试体养护池的水温度在工作期间每天至少记录1次。

试验用水泥、中国ISO标准砂和水，应与试验室温度相同。

（2）所需材料。

水泥：水泥样品应贮存在气密的容器里，这个容器不应与水泥发生反应。试验前混合均匀。

水：验收试验或有争议时应使用符合《分析实验室用水规格和试验方法》（GB/T 6682—2008）规定的三级水，其他试验可用饮用水。

砂：中国ISO标准砂，使用前应妥善存放，避免破损、污染、受潮。

配合比：每锅材料需水泥：标准砂：水＝450g±2g：1350g±5g：225mL±1mL或225g±1g；水泥、标准砂、水及用于制备和测试用的设备应与试验室温度相同，称量用的天平分度值不大于±1g，加水器分度值不大于±1mL，计时器分度值不大于±1s。

4）步骤

胶砂用搅拌机按以下程序进行搅拌，可以采用自动控制，也可以采用手动控制：

（1）把水加入锅里，再加入水泥，把锅固定在固定架上，上升至工作位置。

（2）立即开动机器，先低速搅拌 30s±1s 后，在第二个 30s±1s 开始的同时均匀地将砂子加入。把搅拌机调至高速再搅拌 30s±1s。

（3）停拌 90s，在停拌开始的 15s±1s 内，将搅拌锅放下。用刮刀将叶片、锅壁和锅底上的胶砂刮入锅中。

（4）再在高速下继续搅拌 60s±1s。

胶砂制备后立即进行成型。将空试模和模套固定在振实台上，用料勺将锅壁上的胶砂清理到锅内并翻转搅拌胶砂使其更加均匀，成型时将胶砂分两层装入试模。装第一层时，每个槽里约放 300g 胶砂，先用料勺沿试模长度方向划动胶砂以布满模槽，再用大布料器垂直架在模套顶部沿每个模槽来回一次将料层布平。接着振实 60 次。再装入第二层胶砂，用料勺沿试模长度方向划动胶砂以布满模槽，但不能接触已振实胶砂，再用小布料器布平，振实 60 次。每次振实时可将一块用水湿过拧干、比模套尺寸稍大的棉纱布盖在模套上以防止振实时胶砂飞溅。

移走模套，从振实台上取下试模，用一金属直边尺以近似 90°的角度（但向刮平方向稍斜）架在试模模顶的一端，然后沿试模长度方向以横向锯割动作慢慢向另一端移动，将超过试模部分的胶砂刮去。锯割动作的多少和直尺角度的大小取决于胶砂的稀稠程度，较稠的胶砂需要多次锯割、锯割动作要慢以防止拉动已振实的胶砂。用拧干的湿毛巾将试模端板顶部的胶砂擦拭干净，再用同一直边尺以近乎水平的角度将试体表面抹平。抹平的次数要尽量少，总次数不应超过 3 次。最后将试模周边的胶砂擦除干净。

用毛笔或其他方法对试体进行编号。两个龄期以上的试体，在编号时应将同一试模中的 3 条试体分在两个以上龄期内。

5）试件的养护

（1）脱模前的处理和养护。

在试模上盖一块玻璃板，也可用相似尺寸的钢板或不渗水的、和水泥没有反应的材料制成的板。盖板不应与水泥胶砂接触，盖板与试模之间的距离应控制在 2～3mm。为了安全，玻璃板应有磨边。

立即将做好标记的试模放入养护室或湿箱的水平架子上养护，湿空气应能与试模各边接触。养护时不应将试模放在其他试模上。一直养护到规定的脱模时间时取出脱模。

（2）脱模。

脱模应非常小心。脱模时可以用橡皮锤或脱模器。

对于 24h 龄期的，应在破型试验前 20min 内脱模。对于 24h 以上龄期的，应在成型后 20～24h 脱模。

如经 24h 养护，会因脱模对强度造成损害时，可以延迟至 24h 以后脱模，但在试验报告中应予说明。

已确定作为 24h 龄期试验（或其他不下水直接做试验）的已脱模试体，应用湿布覆盖至做试验时为止。

对于胶砂搅拌或振实台的对比，建议称量每个模型中试体的总量。

（3）水中养护。

将做好标记的试体立即水平或竖直放在20℃±1℃水中养护，水平放置时刮平面应朝上。试体放在不易腐烂的篦子上，并彼此间保持一定间距，让水与试体的六个面接触。养护期间试体之间间隔或试体上表面的水深不应小于5mm。

注：不宜用未经防腐处理的木篦子。

每个养护池只养护同类型的水泥试体。

最初用自来水装满养护池（或容器），随后随时加水保持适当的水位。在养护期间，可以更换不超过50%的水。

强度试验试体的龄期：

除24h龄期或延迟至48h脱模的试体外，任何到龄期的试体应在试验（破型）前提前从水中取出。揩去试体表面沉积物，并用湿布覆盖至试验为止。试体龄期是从水泥加水搅拌开始试验时算起。不同龄期强度试验在下列时间里进行：

24h±15min；48h±30min；72h±45min；7d±2h；28d±8h。

6）结果计算

（1）抗折强度的测定。

抗折试验加荷速度为50N/s±10N/s；

抗折强度按式（2-1）计算：

$$R_f = \frac{1.5F_f L}{b^3} \tag{2-1}$$

式中 R_f——抗折强度（MPa）；

F_f——折断时施加于棱柱体中部的荷载（N）；

L——支撑圆柱间的距离（mm），取100mm；

b——棱柱体正方形截面的边长（mm），取40mm。

结果精确至0.1MPa。

（2）抗压强度的测定。

抗折强度试验完成后，取出两个半截试体，进行抗压强度试验。抗压强度试验通过规定的仪器，在半截棱柱体的侧面上进行。半截棱柱体中心与压力机压板受压中心差应在±0.5mm内，棱柱体露在压板外的部分约有10mm。

在整个加荷过程中以2400N/s±200N/s的速率均匀地加荷直至破坏。

抗压强度按式（2-2）计算：

$$R_c = \frac{F_c}{A} \tag{2-2}$$

式中 R_c——抗压强度（MPa）；

F_c——破坏时的最大荷载（N）；

A——受压部分面积（mm²）。

结果精确至0.1MPa。

7）结果确定

（1）抗折强度。

以一组3个棱柱体抗折结果的平均值作为试验结果。当3个强度值中有一个超出平均值±10%时，应剔除后再取平均值作为抗折强度试验结果。当3个强度值中有2个超出平均值±10%时，则以剩余一个作为抗折强度试验结果。

单个抗折强度结果精确至0.1MPa，算术平均值精确至0.1MPa。

（2）抗压强度。

以一组3个棱柱体上得到的6个抗压强度测定值的平均值为试验结果。当6个测定值中有一个超出6个平均值的±10%时，剔除这个结果，再以剩下5个的平均值为结果。当5个测定值中再有超过它们平均值的±10%时，则此组结果作废。当6个测定值中同时有2个或2个以上超出平均值的±10%时，则此组结果作废。

单个抗压强度结果精确至0.1MPa，算术平均值精确至0.1MPa。

3. 试验注意事项

（1）试件从养护水槽中取出进行试验前，需把胶砂试件放在浅盘中，用湿毛巾覆盖。

（2）搅拌叶片和锅内壁的间隙过大，会造成搅拌不均匀，影响检测结果，应每月检查一次。

（3）由于磨损或组装时缝隙未清理干净，造成尺寸超差，应及时更换。

（4）成型操作时，应在试模上面加一个壁高20mm的金属膜套，当从上往下看时，模套壁与试模内壁应该重叠，超出内壁不应大于1mm。

（5）试验用水泥、标准砂和水的温度应与试验室的室温相同。

（6）试验前应擦拭锅内壁及叶片，不能有明水。

（二）水泥凝结时间、安定性试验

1. 试验的目的和意义

水泥凝结时间试验的目的是确定水泥凝结时间是否在规定范围内。水泥凝结时间是反映水泥水化速度的重要指标。

水泥的安定性即体积安定性，是指水泥在凝结硬化过程中体积变化的均匀性。水泥中的游离氧化钙（f-CaO）、游离氧化镁（f-MgO）、石膏这三种物质造成的膨胀均会导致水泥安定性不良，造成硬化水泥石产生弯曲、裂缝甚至粉碎性破坏。

2. 试验方法

1）试验设备与仪器

水泥净浆搅拌机：符合《水泥净浆搅拌机》（JG/T 729—2005）的要求。

标准法维卡仪：符合《水泥净浆标准稠度与凝结时间测定仪》（JC/T 727—2005）；标准稠度试杆由有效长度为50mm±1mm，直径为10mm±0.05mm的圆柱形耐腐蚀金属制成。初凝用试针由钢制成，其有效长度初凝针为50mm±1mm、终凝针为30mm±1mm，直径为1.13mm±0.05mm。滑动部分的总质量为300g±1g。与试杆、试针联结的滑动杆表面应光滑，能靠重力自由下落，不得有紧涩和旷动现象。

盛装水泥净浆的试模由耐腐蚀的、有足够硬度的金属制成。试模为深40mm±0.2mm、顶内径65mm±0.5mm、底内径75mm±0.5mm的截顶圆锥体。每个试模应配备一个边长或直径约100mm、厚度4～5mm的平板玻璃底板或金属底板。

水泥安定性试验沸煮箱：符合《水泥安定性试验用沸煮箱》（JC/T 955—2005）。

天平：最大称量不小于1000g，分度值不大于1g。

量筒或滴定管：精度±0.5mL。

2）试验条件及所需材料

试验室温度为20℃±2℃，相对湿度应不低于50%；水泥试样、拌和水、仪器和用具的温度应与试验室一致；湿气养护箱的温度为20℃±1℃，相对湿度不低于90%；试验用水应是洁净的饮用水，如有争议时应以蒸馏水为准。

3）标准稠度用水量测定方法（标准法）

（1）试验前准备工作。

维卡仪的滑动杆能自由滑动。试模和玻璃底板用湿布擦拭，将试模放在底板上。调整至试杆接触玻璃板时指针对准零点。搅拌机运行正常。

（2）水泥净浆的拌制。

用水泥净浆搅拌机搅拌，搅拌锅和搅拌叶片先用湿布擦过，将拌和水倒入搅拌锅内，然后在5～10s内小心将称好的500g水泥加入水中，防止水和水泥溅出；拌和时，先将锅放在搅拌机的锅座上，升至搅拌位置，启动搅拌机，低速搅拌120s，停15s，同时将叶片和锅壁上的水泥浆刮入锅中间，接着高速搅拌120s停机。

（3）标准稠度用水量的测定步骤。

拌和结束后，立即取适量水泥净浆一次性将其装入已置于玻璃底板上的试模中，浆体超过试模上端，用宽约25mm的直边刀轻轻拍打超出试模部分的浆体5次以排除浆体中的孔隙，然后在试模上表面约1/3处，略倾斜于试模分别向外轻轻锯掉多余净浆，再从试模边沿轻抹顶部一次，使净浆表面光滑。在锯掉多余净浆和抹平的操作过程中，注意不要压实净浆；抹平后迅速将试模和底板移到维卡仪上，并将其中心定在试杆下，降低试杆直至与水泥净浆表面接触，拧紧螺丝1～2s后，突然放松，使试杆垂直自由地沉入水泥净浆中。在试杆停止沉入或释放试杆30s时记录试杆距底板之间的距离，升起试杆后，立即擦净；整个操作应在搅拌后1.5min内完成。以试杆沉入净浆并距底板6mm±1mm的水泥净浆为标准稠度净浆。其拌和水量为该水泥的标准稠度用水量（P），按水泥质量的百分比计。

4）凝结时间测定

（1）试验前准备工作。

调整凝结时间测定仪的试针接触玻璃板时指针对准零点。

试件的制备：

以标准稠度用水量制成标准稠度净浆，装模和刮平后，立即放入湿气养护箱中，记录水泥全部加入水中的时间作为凝结时间的起始时间。

（2）初凝时间测定。

试件在湿气养护箱中养护至加水后30min时进行第一次测定。测定时，从湿气养护箱中取出试模放到试针下，降低试针与水泥净浆表面接触。拧紧螺丝1～2s后，突然放松，试针垂直自由地沉入水泥净浆。观察试针停止下沉或释放试针30s时指针的读数。临近初凝时间时每隔5min（或更短时间）测定一次，当试针沉至距底板4mm±1mm时，为水泥达到初凝状态；由水泥全部加入水中至初凝状态的时间为水泥的初凝时间，用min来表示。

（3）终凝时间测定。

为了准确观测试针沉入的状况，在终凝针上安装了一个环形附件。在完成初凝时间测定后，立即将试模连同浆体以平移的方式从玻璃板取下，翻转180°，直径大端向上，小端向下放在玻璃板上，再放入湿气养护箱中继续养护。临近终凝时间时每隔15min（或更短时间）测定一次，当试针沉入试体0.5mm时，即环形附件开始不能在试体上留下痕迹时，为水泥达到终凝状态。由水泥全部加入水中至终凝状态的时间为水泥的终凝时间，用min来表示。

测定时应注意，在最初测定操作时应轻轻扶持金属柱，使其徐徐下降，以防试针撞弯，但结果以自由下落为准；在整个测试过程中试针沉入的位置至少要距试模内壁10mm。临近初凝时，每隔5min（或更短时间）测定一次，临近终凝时每隔15min（或更短时间）测定一次，到达初凝时应立即重复测一次，当两次结论相同时才能确定到达初凝状态，到达终凝时，需要在试体另外两个不同点测试，确认结论相同才能确定到达终凝状态。每次测定不能让试针落入原针孔，每次测试完毕须将试针擦净并将试模放回湿气养护箱内，整个测试过程要防止试模受振。

注：可以使用能得出与标准中规定方法相同结果的凝结时间自动测定仪，有矛盾时以标准规定方法为准。

5）安定性测定方法（代用法）

（1）试验前准备工作。

每个样品需准备两块边长约100mm的玻璃板，凡与水泥净浆接触的玻璃板都要稍稍涂上一层油。

（2）试饼的成型方法。

将制好的标准稠度净浆取出一部分分成两等份，使之成球形，放在预先准备好的玻璃板上，轻轻振动玻璃板并用湿布擦过的小刀由边缘向中央抹，做成直径70～80mm、中心厚约10mm、边缘渐薄、表面光滑的试饼，接着将试饼放入湿气养护箱内养护24h±2h。

（3）沸煮。

调整好沸煮箱内的水位，使能保证在整个沸煮过程中都超过试件，不需要添补试验用水，同时又能保证在30min±5min内升至沸腾。

脱去玻璃板取下试饼，在试饼无缺陷的情况下将试饼放在沸煮箱水中的篦板上，在30min±5min内加热至沸并恒沸180min±5min。

6）结果判定

（1）凝结时间测定。

判定是否符合水泥凝结时间技术指标要求。

（2）安定性测定。

沸煮结束后，立即放掉沸煮箱中的热水，打开箱盖，待箱体冷却至室温，取出试件进行判别。目测试饼未发现裂缝，用钢直尺检查也没有弯曲（使钢直尺和试饼底部紧靠，以两者间不透光为不弯曲）的试饼为安定性合格，反之为不合格。当两个试饼判别结果有矛盾时，该水泥的安定性为不合格。

3. 试验注意事项

（1）标准稠度用水量试验结果对凝结时间、安定性影响较大，尽可能做准确。在进行标准稠度用水量试验时，宜统一装模捣实手法，将拌好的净浆一次性装入试模中时，宜连续少量装入，避免装入的净浆在试模中出现架空或空洞。不同试验室在净浆搅拌后进行装模时，手法有较大的差别，对凝结时间和安定性的测定有一定影响，特别是不同试验室的影响更大。标准中对以上操作步骤进行详细规定，以此统一手法，尽量降低操作误差。

（2）与胶砂搅拌机相同，也应注意净浆搅拌机相关问题。比如搅拌翅与搅拌锅间隙过大造成净浆搅拌不均匀等，影响检测结果。JC/T 729 规定：搅拌叶片与锅底、锅壁的工作间隙：2mm±1mm。

（3）在生产实际应用过程中，水泥的凝结时间和混凝土的凝结时间存在很大差异，两者的凝结时间均与温度有密切联系。

（三）细度试验

细度试验分为比表面积试验和 $45\mu m$ 筛余试验。

比表面积试验

1. 试验的目的和意义

单位质量的水泥颗粒所具有的表面积称为水泥的比表面积。表示符号为 S，以平方厘米每克（cm^2/g）或平方米每千克（m^2/kg）来表示。水泥的比表面积和水泥的细度有关，水泥磨得越细比表面积越大，反之越小。水泥越细，早期水化越快，早期强度越高，混凝土开裂的概率越大。

2. 试验方法

1）试验设备与仪器

勃氏比表面积透气仪，分手动和自动两种。均应符合《勃氏透气仪》（JC/T 956—2014）的要求。

烘干箱：控制温度灵敏度±1℃。

分析天平：分度值为 0.001g。

秒表：精确至 0.5s。

滤纸：符合《化学分析滤纸》（GB/T 1914—2017）的中速定量滤纸。

压力计液体：采用带有颜色的蒸馏水或直接采用无色蒸馏水。

基准材料：GSB 14—1511 或相同等级的标准物质。有争议时以 GSB 14—1511 为准。

汞：分析纯汞。

2）试验条件及所需材料

试验室条件：相对湿度不大于 50%。

试验样品：按《水泥取样方法》（GB/T 12573—2008）进行取样，先通过 0.90mm 方孔筛，再在 110℃±5 ℃下烘干 1h，并在干燥器中冷却至室温。

3）测定样品密度

（1）密度试验标准。

按《水泥密度测定方法》（GB/T 208—2014）测定水泥密度。

密度单位是克每立方厘米（g/cm³）。

（2）密度试验仪器。

李氏瓶：李氏瓶由优质玻璃制成，透明无条纹，具有抗化学侵蚀性且热滞后性小，有足够的厚度以确保良好的抗裂性。李氏瓶横截面形状为圆形，瓶颈刻度由 0~1mL 和 18~24mL 两段刻度组成，且 0~1mL 和 18~24mL 以 0.1mL 为分度值，任何标明的容量误差都不大于 0.05mL。

无水煤油：符合《煤油》（GB 253—2008）的要求。

恒温水槽：应有足够大的容积，使水温可以稳定控制在 20℃±1℃。

0.90mm 方孔筛。

天平：量程不小于 100g，分度值不大于 0.01g。

温度计：量程包含 0~50℃，分度值不大于 0.1℃。

（3）密度试验方法与步骤。

试样应预先通过 0.90 mm 方孔筛，在 110℃±5℃温度下烘干 1h，并在干燥器内冷却至室温（室温应控制在 20℃±1℃）。

称取试样 60g，精确至 0.01g。在测试其他材料密度时，可按实际情况增减称量材料质量，以便读取刻度值。

将无水煤油注入李氏瓶中至 0mL 到 1mL 之间刻度线后（选用磁力搅拌此时应加入磁力棒），盖上瓶塞放入恒温水槽内，使刻度部分浸入水中（水温应控制在 20℃±1℃），恒温至少 30min，记下无水煤油的初始（第一次）读数（V_1）。

从恒温水槽中取出李氏瓶，用滤纸将李氏瓶细长颈内没有煤油的部分仔细擦干净。

用小匙将样品一点点地装入李氏瓶中，反复摇动（亦可用超声波震动或磁力搅拌等），直至没有气泡排出，再次将李氏瓶静置于恒温水槽，使刻度部分浸入水中，恒温至少 30min，记下第二次读数（V_2）。

第一次读数和第二次读数时，恒温水槽的温度差不大于 0.2℃。

（4）密度结果计算。

密度应按式（2-3）计算：

$$\rho=\frac{m}{V_2-V_1} \tag{2-3}$$

式中　ρ——水泥密度（g/cm³）；

　　　m——水泥质量（g）；

　　　V_2——李氏瓶第二次读数（mL）；

　　　V_1——李氏瓶第一次读数（mL）。

（5）水泥密度结果确定。

结果精确至 0.01g/cm³，试验结果取两次测定结果的算术平均值，两次测定结果之差不大于 0.02g/cm³。

4）比表面积仪漏气检查

将透气圆筒上口用橡皮塞塞紧，接到压力计上。用抽气装置从压力计一臂中抽出部分气体，然后关闭阀门，观察是否漏气。如发现漏气，可用活塞油脂加以密封。

5）空隙率（ε）的确定

空隙率的定义：试料层中颗粒间空隙的容积与试料层总的容积之比，以 ε 表示。

ＰⅠ、ＰⅡ型水泥的空隙率采用 0.500±0.005，其他水泥或粉料的空隙率选用 0.530± 0.005。当按上述空隙率不能将试样压至试验 7）条规定的位置时，则允许改变空隙率。

空隙率的调整以 2000g 砝码（5 等砝码）将试样压实至试验 7）规定的位置为准。

6）试样量的确定

试样量按式（2-4）计算：

$$m = \rho V (1-\varepsilon) \tag{2-4}$$

式中　m——需要的试样量（g）；

　　　ρ——试样密度（g/cm³）；

　　　V——试料层体积（cm³），按 JC/T 956 测定；

　　　ε——试料层空隙率［参见《水泥比表面积测定方法　勃氏法》（GB/T 8074—2008）附录 A］。

7）试料层制备

将穿孔板放入透气圆筒的突缘上，用捣棒把一片滤纸放到穿孔板上，边缘放平并压紧。称取式（2-4）确定的试样量，精确到 0.001g，倒入圆筒。轻敲圆筒的边，使试样层表面平坦。再放入一片滤纸，用捣器均匀捣实试料直至捣器的支持环与圆筒顶边接触，并旋转 1～2 圈，慢慢取出捣器。穿孔板上的滤纸为 ϕ12.7mm 边缘光滑的圆形滤纸片。每次测定需用新的滤纸片。

8）透气试验

把装有试料层的透气圆筒下锥面涂一薄层活塞油脂，然后把它插入压力计顶端锥形磨口处，旋转 1～2 圈。要保证紧密连接不致漏气，并不振动所制备的试料层。

打开微型电磁泵，慢慢从压力计一臂中抽出空气，直到压力计内液面上升到扩大部下端时关闭阀门。当压力计内液体的凹月面下降到第一条刻线时开始计时，当液体的凹月面下降到第二条刻线时停止计时，记录液面从第一条刻度线到第二条刻度线所需的时间。以秒记录，并记录下试验时的温度（℃）。每次透气试验，应重新制备试料层。

9）结果计算与确定

（1）当被测试样的密度、试料层中空隙率与标准样品相同时，试验时的温度与校准温度之差≤3℃，可按式（2-5）计算：

$$S = \frac{S_s \sqrt{T}}{\sqrt{T_s}} \tag{2-5}$$

如试验时的温度与校准温度之差＞3℃，可按式（2-6）计算：

$$S = \frac{S_s \sqrt{\eta_s} \sqrt{T}}{\sqrt{\eta} \sqrt{T_s}} \tag{2-6}$$

式中　S——被测试样的比表面积（cm²/g）；

　　　S_s——标准样品的比表面积（cm²/g）；

　　　T——在进行被测试样试验时，压力计中液面降落测得的时间（s）；

　　　T_s——在进行标准样品试验时，压力计中液面降落测得的时间（s）；

　　　η——被测试样试验温度下的空气黏度（μPa·s）；

η_s——标准样品试验温度下的空气黏度（μPa·s）。

（2）当被测试样的试料层中空隙率与标准样品试料层中空隙率不同时，试验时的温度与校准温度之差≤3℃时，可按式（2-7）计算：

$$S=\frac{S_s\sqrt{T}\ (1-\varepsilon_s)\ \sqrt{\varepsilon^3}}{\sqrt{T_s}\ (1-\varepsilon)\ \sqrt{\varepsilon_s^3}} \tag{2-7}$$

如试验时的温度与校准温度之差＞3℃时，可按式（2-8）计算：

$$S=\frac{S_s\sqrt{\eta_s}\sqrt{T}\ (1-\varepsilon_s)\ \sqrt{\varepsilon^3}}{\sqrt{\eta}\sqrt{T_s}\ (1-\varepsilon)\ \sqrt{\varepsilon_s^3}} \tag{2-8}$$

式中　ε——被测试样试验层中的空隙率；

ε_s——标准样品试验层中的空隙率。

（3）当被测试样的密度和空隙率均与标准样品不同时，试验时的温度与校准温度之差≤3℃时，可按式（2-9）计算：

$$S=\frac{S_s\rho_s\sqrt{T}\ (1-\varepsilon_s)\ \sqrt{\varepsilon^3}}{\rho\sqrt{T_s}\ (1-\varepsilon)\ \sqrt{\varepsilon_s^3}} \tag{2-9}$$

当试验时的温度与校准温度之差＞3℃时，可按式（2-10）计算：

$$S=\frac{S_s\rho_s\sqrt{\eta_s}\sqrt{T}\ (1-\varepsilon_s)\ \sqrt{\varepsilon^3}}{\rho\sqrt{\eta}\sqrt{T_s}\ (1-\varepsilon)\ \sqrt{\varepsilon_s^3}} \tag{2-10}$$

式中　ρ——被测试样的密度（g/cm^3）；

ρ_s——标准样品的密度（g/cm^3）。

（4）结果处理。

水泥比表面积应由二次透气试验结果的平均值确定。当二次试验结果相差2%以上时，应重新试验。计算结果保留至10cm^2/g。

当同一样品用手动勃氏透气仪测定的结果与自动勃氏透气仪测定的结果有争议时，以手动勃氏透气仪测定结果为准。

3. 注意事项

（1）试样的捣实：试料层内空隙的分布均匀程度对比表面积有影响，所以，捣实试验应按规定操作。

（2）空隙率的选取：不同的待测试样选取不同的空隙率，保证空隙率统一，试验结果才有可比性。

（3）试样的密度测定：密度是影响试样称量多少的一个重要因素，同时，在计算比表面积时，也要采用。因此，密度值准确与否直接影响到比表面积的测定结果。试样的测试密度越大，比表面积的测定结果越大。

（4）每次透气试验均需重新制备试料层，每次试料层制备需要使用新滤纸，滤纸应为符合现行《化学分析滤纸》（GB/T 1914）规定的中速定量滤纸。

（5）透气仪各部分接头应保持紧密。

（6）为保证结果准确，建议同种材料用同一比表面积测定仪测量，可以降低试验误差。

（7）两次试验要在同一试验室、由同一操作人用相同仪器在短时间内完成，旋转1～2圈的操作手法及力度保持一致，否则会造成两次结果超差2%。

（8）玻璃管上的刻度处（四根光电管处）要注意保持洁净干燥，以免影响刻度的识别，无法进行试样测试。

（9）保证浮球液面在刻度范围内，否则影响试验结果。

45μm 筛余试验

试验按照 GB/T 1345 进行，试验过程详见第五节粉煤灰试验七（一）。

第二节　砂试验

一、概述

砂是粒径小于 4.75mm 的石材颗粒，作为混凝土的细骨料，是混凝土原材料整体级配的中间材料，在保证混凝土拌和物性能中起到承上启下的作用。砂在混凝土中的主要作用是填充石子空隙，降低空隙率，减少混凝土单方用水量。早期以天然砂为主，现阶段由于受到环境保护的影响，机制砂以及天然砂和机制砂搭配使用的混合砂，逐渐占有更高比例。砂的含水率、级配、粒型、含泥量、泥块含量等指标，对混凝土拌和物性能、强度及耐久性均有显著影响，因此，严格控制砂的品质，对提高混凝土的质量具有重要意义。

二、分类与等级

1. 砂的定义、分类

对砂的分类和定义，《普通混凝土用砂、石质量及检验方法标准》（JGJ 52—2006）和《建设用砂》（GB/T 14684—2022）是存在区别的，其中 JGJ 52 中的砂系指天然砂、人工砂及混合砂。天然砂是指由自然条件作用而形成的，公称粒径小于 5.00mm 的岩石颗粒，按其产源不同，可分为河沙、海砂、山砂；人工砂是指岩石经除土开采、机械破碎、筛分而成的，公称粒径小于 5.00mm 的岩石颗粒；混合砂是指由天然砂与人工砂按一定比例组合而成的砂。

GB/T 14684 将砂按产源分为天然砂、机制砂、混合砂。天然砂是指自然条件作用下岩石产生破碎、风化、分选、运移、堆/沉积，形成的粒径小于 4.75mm 的岩石颗粒，包括河砂、湖砂、山砂、净化处理的海砂，但不包括软质、风化的颗粒；机制砂是以岩石、卵石、矿山废石和尾矿等为原料，经除土处理，由机械破碎、整形、筛分、粉控等工艺制成的，级配、粒形和石粉含量满足要求且粒径小于 4.75mm 的颗粒，机制砂不包括软质、风化的颗粒；混合砂是由机制砂和天然砂按一定比例混合而成的砂。

JGJ 52 未按技术要求进行分类。GB/T 14684 将砂按技术要求分为 I 类、II 类和 III 类。I 类宜用于强度等级大于 C60 的混凝土；II 类宜用于强度等级为 C30～C60 及抗冻、抗渗或其他要求的混凝土；III 类宜用于强度等级小于 C30 的混凝土和建筑砂浆。

本书论述的相关试验方法以《普通混凝土用砂、石质量及检验方法标准》（JGJ 52—

2006）为准。

2. 各类砂的特点

天然砂（河砂和海砂等）经水流冲刷，颗粒多为近似球状，且表面少棱角、表面洁净、光滑、比表面积小，河砂拌制的混凝土和易性好，耗用的水泥浆少，比较经济，但与水泥的黏结性能较差。

机制砂颗粒棱角多，表面粗糙不光滑，粉末含量较大，故其混凝土拌和物流动性较差，用水量或外加剂用量需要适当增加，但与水泥的黏结性能较好。机制砂因其生产工艺的可控性，可改完善其颗粒级配、粒形、石粉含量等性能指标，使其性能满足预期指标，具有更广泛的应用前景。

混合砂能克服机制砂和天然砂的缺点，利用机制砂和天然砂二者各自的优势，配制出不同细度模数和级配区域的砂，并可按混凝土拌和物性能要求或强度等级调整混合比例，用于配制不同要求的混凝土。

三、技术指标

1. 标准的适用性

GB/T 14684 作为推荐性国家标准，是生产厂家进行生产质量控制、出厂检验、型式检验的依据。JGJ 52 是建筑行业标准，预拌混凝土企业作为专业承包单位需要遵守该标准相关要求。由于《混凝土质量控制标准》（GB 50164—2011）中的 2.3.1 条规定：细骨料应符合现行行业标准 JGJ 52 的规定，因此，本书相关内容主要依据行标，必要时也会对国家标准的部分技术指标和试验方法做一些说明。

2. 国家标准与行业标准的技术指标对比

国家标准 GB/T 14684 与行业标准 JGJ 52 在技术指标要求、部分技术指标的试验方法和试验结果评定上都存在一些区别，见表 2-3。

表 2-3　国家标准和行业标准检测参数的异同

检测参数名称		JGJ 52—2006	GB/T 14684—2022
不同点	筛孔尺寸	公称粒径（公称粒径 5.0mm）	实际尺寸（粒径 4.75mm）
	指标名称	筛分析	颗粒级配
	试验方法	含泥量（1. 标准法样品 400g，2. 虹吸管法）	含泥量（只有标准法，样品 500g）
	指标名称	石粉含量	机制砂亚甲蓝值与石粉含量
	试验方法	泥块含量（样品称量质量为 200g）	泥块含量（试验量依据 1.18mm 筛上质量并提前淘洗）
	指标名称	吸水率	饱和面干吸水率
	指标及方法	紧密密度与堆积密度	松散堆积密度、紧密堆积密度与空隙率
	指标名称	总压碎值指标（仅人工砂）	压碎指标（机制砂）
	指标及方法	碱活性（适用于硅质骨料）	碱骨料反应（根据岩石种类确定试验方法）
	指标及方法	未涉及片状颗粒指标	片状颗粒含量
	试验方法	含水率（快速法、标准法）	含水率（标准法）

检测参数名称		JGJ 52—2006	GB/T 14684—2022
相同点	指标及方法	坚固性 氯化物含量 表观密度 贝壳含量（海砂） 有害物质（云母、轻物质、有机物、硫化物和硫酸盐含量）放射性	坚固性 氯化物含量 表观密度 贝壳含量（海砂） 有害物质（云母、轻物质、有机物、硫化物和硫酸盐含量）放射性

3. 主要技术指标

1）细度模数

砂的粗细程度用细度模数 μ_f 表示，砂按细度模数 μ_f 分粗、中、细、特细四个级别。粗砂细度模数为 3.7～3.1，中砂细度模数为 3.0～2.3，细砂细度模数为 2.2～1.6，特细砂的细度模数为 1.5～0.7。

2）颗粒级配（表2-4）

表 2-4　砂颗粒级配区

公称粒径	Ⅰ区	Ⅱ区	Ⅲ区
5.00mm	10～0	10～0	10～0
2.50mm	35～5	25～0	15～0
1.25mm	65～35	50～10	25～0
630μm	85～71	70～41	40～16
315μm	95～80	92～70	85～55
160μm	100～90	100～90	100～90

除特细砂外，砂的颗粒级配见表2-4，按 $630\mu m$ 筛孔的累计筛余量分为三个级配区。砂的实际颗粒级配与表中的累计筛余相比，除公称粒径的 5.00mm 和 $630\mu m$ 的累计筛余外，其余公称粒径的累计筛余可稍有超出分界线，但总超出量不应大于5%。

当天然砂的实际颗粒级配不符合要求时，宜采取相应的技术措施，并经试验证明能确保混凝土质量后，方允许使用。

配制混凝土时宜优先选用Ⅱ区砂。当采用Ⅰ区砂时，应提高砂率，并保持足够的水泥用量，满足混凝土的和易性；当采用Ⅲ区砂时，宜适当降低砂率，当采用特细砂时，应符合相应的规定。配制泵送混凝土，宜选用中砂。

3）含泥量（石粉含量）

含泥量是指砂中公称粒径小于 $80\mu m$ 颗粒的含量。骨料中的泥主要是黏土或其他细粉料，覆盖或聚集于骨料的表面，对拌和水和外加剂有较强的吸附作用，影响混凝土工作性。同时也削弱了骨料与水泥浆体之间的黏结力，降低混凝土的力学性能，增大混凝土的收缩。骨料的含泥量对混凝土外加剂用量也非常敏感。

配制不同强度等级混凝土对砂含泥量指标要求见表2-5。

表 2-5　天然砂中含泥量

混凝土强度等级	≥C60	C55～C30	≤C25
含泥量（按质量计,%）	≤2.0	≤3.0	≤5.0

注：对有抗冻、抗渗或其他特殊要求的小于或等于C25混凝土用砂，含泥量应不大于3.0%。

人工砂需要做石粉含量，石粉是指公称粒径小于$80\mu m$，且其矿物组成和化学成分与被加工母岩相同的颗粒。钙质石粉和硅质石粉差异比较大，石灰石粉对于亚甲蓝试验很敏感。MB值是重要的吸附性和需水性的评价指标。文献表明，硅质石粉对亚甲蓝试验不敏感，实际使用中，砂子的细度模数、吸水率都会受到石粉含量的影响。

石粉分散到水泥浆体中相当于一种微骨料，微骨料的填充效应使得混凝土更加密实，同时混凝土的保水性增强，减少了自由水在界面的聚集，有利于骨料界面改善。石灰石粉中的$CaCO_3$微粒还具有一定的活性，能和水泥中的C_3A反应生成碳铝酸盐。同时石粉在水泥水化过程中起到"晶核"作用，加速水泥中C_3S的水化。但石粉含量过高，会增加混凝土的用水量，影响混凝土的黏聚性和流动性，增大混凝土的收缩，对混凝土的强度和耐久性能也有不利影响，因此砂中的石粉的含量有一个合适的范围。

配制不同强度等级混凝土时对石粉含量指标有相应要求，见表2-6。

表 2-6　人工砂或混合砂的石粉含量

混凝土强度等级		≥C60	C55～C30	≤C25
石粉含量（%）	MB<1.4（合格）	≤5.0	≤7.0	≤10.0
	MB≥1.4（不合格）	≤2.0	≤3.0	≤5.0

4）泥块含量

泥块含量是指砂中公称粒径大于1.25mm，经水洗、手捏后变成小于$630\mu m$的颗粒的含量。通俗来讲，砂中的泥块是指块状的黏土、淤泥，属于有害物质。泥块会造成混凝土中存在局部脆弱部位，骨料中的泥块体积不稳定，干燥时收缩、潮湿时湿胀，对混凝土有较大的破坏作用，影响混凝土的力学性能、耐久性能等。

配制不同强度等级混凝土时对砂泥块指标有相应要求，见表2-7。

表 2-7　砂中的泥块含量

混凝土强度等级	≥C60	C55～C30	≤C25
泥块含量（按质量计,%）	≤0.5	≤1.0	≤2.0

注：对于有抗冻、抗渗或其他特殊要求的小于或等于C25混凝土用砂，其泥块含量不应大于1.0%。

5）坚固性

砂的坚固性是指砂在气候、环境变化或其他物理因素作用下抵抗破裂的能力，砂的坚固性用硫酸钠溶液进行检验。其指标要求见表2-8。

表 2-8 砂的坚固性指标

混凝土所处的环境条件及其性能要求	采用硫酸钠溶液进行试验，5 次循环后的质量损失（%）
在严寒及寒冷地区室外使用并经常处于潮湿或干湿交替状态下的混凝土 对于有抗疲劳、耐磨、抗冲击要求的混凝土 有腐蚀介质作用或经常处于水位变化的地下结构混凝土	≤8
其他条件下使用的混凝土	≤10

6）人工砂的总压碎值指标

人工砂的总压碎值指标是指人工砂在外力作用下抵抗破坏的能力，是间接表现人工砂坚固性的一个重要指标，JGJ 52 规定人工砂的总压碎值指标应小于 30%。

7）有害物质含量

有害物质产生的危害：云母表面光滑，为层状、片状物质，与水泥浆黏结力差，易风化，影响混凝土强度及耐久性；硫化物及硫酸盐对水泥起腐蚀作用，降低混凝土的耐久性；有机物对钙有很强的化学亲和势，可与水泥水化作用产生的钙离子相吸附，影响水泥的水化和硬化。当砂中含有云母、轻物质、有机物、硫化物及硫酸盐等有害物质时，其含量应符合表 2-9 的规定。当砂中含有颗粒状的硫酸盐或硫化物杂质时，应进行专门检验，确认能满足混凝土耐久性要求后，方可采用。砂中不应混有草根、树叶、树枝塑料等杂物。有害物质限量见表 2-9。

表 2-9 砂中有害物质含量

项目	JGJ 52—2006 规定
	质量指标
云母含量（按质量计,%）	≤2.0
	≤1.0（抗冻、抗渗混凝土）
轻物质含量（按质量计,%）	≤1.0
硫化物及硫酸盐含量（折算成 SO_3 按质量计,%）	≤1.0
有机物含量（用比色法试验）	颜色不应深于标准色。当颜色深于标准色时，应按水泥胶砂强度试验方法进行强度对比试验，抗压强度比不应低于 0.95

8）碱活性试验

JGJ 52 规定，对于长期处于潮湿环境的重要混凝土结构用砂，应采用砂浆棒（快速法）或砂浆长度法进行骨料的碱活性检验。经上述检验判断为有潜在危害时，应控制混凝土中的碱含量不超过 $3kg/m^3$，或采用能抑制碱-骨料反应的有效措施。

9）氯离子含量和贝壳含量

氯盐会腐蚀钢筋，造成钢筋强度和混凝土握裹力下降，由于钢筋锈蚀造成的体积膨胀还会造成混凝土开裂，严重影响混凝土结构安全。氯离子含量和贝壳含量要求见表 2-10。

表 2-10　氯离子含量和贝壳含量要求

氯化物（以干砂的质量百分率计，%）	≤0.06%（钢筋混凝土） ≤0.02%（预应力混凝土）
贝壳（按质量计，%） （仅适用于海砂）	≤3（≥C40）
	≤5（C35～C30）、（抗冻、抗渗及其他特殊要求的≤C25混凝土）
	≤8（C25～C15）

四、取样方法

取样方法按 JGJ 52 进行取样。

预拌混凝土企业，作为内部质量控制的取样方法，在保证样品具有代表性的前提下，可以根据实际情况确定，遇有争议时，应以标准取样方法为准。

五、必试项目和验收批

1. 必试项目及验收批

JGJ 52 规定了每验收批砂石至少应进行颗粒级配、含泥量、泥块含量检验。对于海砂或有氯离子污染的砂，还应检验其氯离子含量；对于海砂，还应检验贝壳含量；对于人工砂及混合砂，还应检验石粉含量。对于重要工程或特殊工程，应根据工程要求增加检验项目。对其他指标的合格性有怀疑时，应予检验。使用单位应按砂或石的同产地同规格分批验收，应以 400m³ 或 600t 为一检验批。当砂或石的质量比较稳定、进料量又较大时，可以 1000t 为一检验批。"质量比较稳定、进料量又较大"是指日进料在 1000t 以上，连续复验 5 次合格（4.0.2 条文说明）。使用单位应按砂石的同产地同规格分批验收。当使用新产源的砂石，供货单位应按标准的质量要求进行全项检验。

GB 50164 规定砂的质量控制项目应包括颗粒级配、细度模数、含泥量、泥块含量、坚固性、氯离子含量和有害物质含量，海砂主要控制项目除应包括上述指标外尚应包括贝壳含量，人工砂主要控制项目除应包括上述指标外尚应包括石粉含量和压碎值指标，人工砂主要控制项目可不包括氯离子含量和有害物质含量。

北京市地方标准《预拌混凝土质量管理规程》（DB11/T 385—2019）规定细骨料的进场检验项目为颗粒级配、含泥量、泥块含量，同厂家、同规格的骨料不超过 400m³ 或 600t 为一检验批。当同厂家、同规格的骨料连续进场且质量稳定时，可一周至少检验一次。

2. 判定规则

按 GB/T 14684 规定，当所有检验项目符合标准规定，则判定该批产品合格。当有一项试验结果存在不符合标准规定时，应从同一批产品中加倍取样进行复验，当复验结果符合规定，则判定该批产品合格，当复验仍不满足标准规定时，则判为不合格。当有两项及以上试验结果不符合规定标准时，则判该批产品不合格。

如无特殊要求，搅拌站对砂的技术指标按照行业标准 JGJ 52 中 3.1 进行判定，判定该批砂的粗细程度和颗粒级配，以及该批砂是否符合标准对该批砂所应用的混凝土所规定的指标要求，包括不同的强度等级，抗渗抗冻性能或者所处环境要求等。

六、必试项目试验方法及注意事项

(一) 筛分析试验

1. 试验的目的和意义

筛分析试验用来检验砂的细度模数和颗粒级配两项指标。这两项指标对混凝土工作性能影响较大。

细度模数表征砂的粗细程度。细度模数越大表示砂越粗，细度模数越小表示砂越细。粗砂在配制高强度等级混凝土时可以降低混凝土的黏度，配制低强度等级混凝土时，拌和物包裹性差，容易导致离析泌水；级配合理的中砂，配制的混凝土和易性好，易于泵送；细砂比表面积大，使用细砂配制混凝土可以增加砂浆含量，改善混凝土的和易性。但细砂会增加混凝土的单方用水量，增加混凝土收缩，使混凝土增加开裂的风险。

搅拌站在生产普通混凝土时，一般选用Ⅱ区中砂。砂级配合理，其空隙率小，有利于改善混凝土的和易性。混凝土中砂粒之间的空隙是由胶凝材料浆体所填充的，为节省胶凝材料和提高混凝土的强度，就应尽量减少砂粒之间的空隙。要减少砂粒之间的空隙，就必须有大小不同的颗粒合理搭配。

砂的颗粒级配与细度模数和空隙率有一定的关系。细度模数相同的砂子，级配不一定相同，但级配相同的砂子，细度模数一定相同；级配合理空隙率小，但空隙率小级配不一定合理。因此，不仅要关注砂的细度模数和空隙率，更要关注其级配。

2. 试验方法

按 JGJ 52 中第 6 章 6.1 节规定的方法做试验。

1) 仪器设备

试验筛（公称直径分别为 10.0mm、5.00mm、2.50mm、1.25mm、630μm、315μm、160μm 的方孔筛各一只，筛的底盘和盖各一只；筛框直径为 300mm 或 200mm）；天平（称量 1000g，感量 1g）；摇筛机；烘箱（温度控制范围为 105℃±5℃）；浅盘、硬、软毛刷等。

2) 试验方法及步骤

用于筛分析的试样，其颗粒的公称粒径不应大于 10.0mm。试验前应将来样通过公称直径 10.0mm 的方孔筛，并计算筛余。

称取经缩分后样品不少于 550g 两份，分别放入两个浅盘，在 105℃±5℃ 的温度下烘干到恒重，冷却至室温备用。

准确称取烘干试样 500g（精确值 1g），置于按筛孔大小顺序排列（大孔在上、小孔在下）的套筛的最上一只筛；将套筛装入摇筛机内固紧，筛分 10min。

然后取出套筛，再按筛孔由大到小的顺序，在清洁的浅盘上逐一进行手筛，直至每分钟的筛出量不超过试样总量（各号试验筛上样品量）的 0.1% 为止；通过的颗粒并入下一只筛子，并和下一只筛子中的试样一起进行手筛。按这样顺序依次进行，直至所有的筛子全部筛完为止。

称取各筛筛余试样的质量，精确至 1g。每号筛的筛余量与筛底的剩余量之和同原试样质量之差超过 1% 时，须重新试验。筛分过程中某号筛的筛余量大于式（2-11）计算值时需要分份再次筛分：

$$m_r = \frac{A\sqrt{d}}{300} \tag{2-11}$$

式中　m_r——某一筛上的剩余量（g）；

　　A——筛的面积（mm^2）；

　　d——筛孔边长（mm）。

3）计算

计算分计筛余（各筛上的筛余量除以试样总量的百分率），分计筛余按式（2-12）进行计算，精确到 0.1%：

$$A_i = a_1 + a_2 + \cdots + a_i \tag{2-12}$$

计算累计筛余（累计筛余：该筛的分计筛余与孔径大于该筛的各筛的分计筛余之和），精确到 0.1%。

用两次试验累计筛余的平均值评定该试样颗粒级配分布情况，精确到 1%。

细度模数按式（2-13）计算，结果精确至 0.01：

$$\mu_f = \frac{(\beta_2 + \beta_3 + \beta_4 + \beta_5 + \beta_6) - 5\beta_1}{100 - \beta_1} \tag{2-13}$$

式中　μ_f——砂的细度模数；

　$\beta_1 \sim \beta_6$——分别是公称直径分别为 5.00mm、2.50mm、1.25mm、630μm、315μm、160μm 的方孔筛上的累计筛余。

细度模数取两次试验结果的算术平均值，精确至 0.1。两次试验的细度模数之差大于 0.20 时，应重新取样进行试验。

按照公称直径 630μm 筛的累计筛余量确定砂的级配区，按计算的细度模数确定砂的粗细类别。

3. 注意事项

（1）在进行筛分析试验前，要检查筛孔的规格是否与标准要求一致，防止不同规格的筛混用；

（2）注意当砂含泥超过 5% 时，应先将砂子水洗烘干后再筛分；

（3）筛分析试验应该是机筛加手筛，或者是仅手筛，不能仅机筛；

（4）不定期对筛孔完好性进行检查，及时更换破损的筛子；

（5）试样烘干恒重指在烘干 3h 后，其前后质量之差不大于该项试验所要求的称量精度（1g）。

（二）含泥量

1. 试验的目的和意义

含泥量是天然砂质量波动较大的指标之一，砂的含泥量也是影响混凝土质量最重要、最敏感的指标之一。因此必须将砂的含泥量控制在规定的范围内。含泥量的测试方法有标准法和虹吸管法，标准法适用于测定粗砂、中砂和细砂的含泥量，虹吸管法适用于特细砂。

2. 试验方法（标准法）

1）仪器设备

天平（称量 1000g，感量 1g），试验筛（公称直径 1.25mm 和 80μm 的方孔筛各一个），烘箱（温控范围为 105℃±5℃），洗砂用的容器及烘干用的浅盘等。

2）样品制备

样品缩分至约 1100g，置于温度 105℃±5℃ 的烘箱内烘干至恒重，冷却至室温，称取各为 400g（m_0）的试样两份备用。

3）试验步骤

取烘干的试样一份，置于容器中，并注入饮用水，使水面高出砂面约 150mm，充分拌匀，浸泡 2h，然后用手在水中淘洗试样，使尘屑、淤泥和黏土与砂粒分离，并使之悬浮或溶于水中。

缓缓地将浑浊液倒入公称直径为 1.25mm、80μm 的方孔套筛（1.25mm 筛放置于上面）上，滤去小于 80μm 的颗粒。试验前筛子的两面应先用水润湿，在整个试验过程中应避免砂粒丢失。

再次加水重复上述过程，直至筒内的水清澈为止。用水淋洗剩留在筛上的颗粒，并将 80μm 筛放入水中（使水面略高出筛中砂粒的上表面）来回摇动，以充分洗除小于 80μm 的颗粒。

然后将两只筛上剩留的颗粒和容器中已经洗净的试样一并装入浅盘，置于温度 105℃±5℃ 的烘箱内烘干至恒重，取出来冷却至室温后，称试样的质量（m_1）

4）计算

根据式（2-14）计算：

$$\omega_c = \frac{m_0 - m_1}{m_0} \times 100\% \tag{2-14}$$

式中 ω_c——砂中含泥量（%）；

m_0——试验前的烘干试样质量（g）；

m_1——试验后的烘干试样质量（g）。

计算结果精确至 0.1%。

以两个试样试验结果的算术平均值作为测定值。当两次结果之差大于 0.5% 时，应重新取样进行试验。

3. 注意事项

（1）操作过程中要防止砂粒的丢失；

（2）严格控制浸泡时间不少于 2h，防止部分颗粒未粉化。

（三）石粉含量

1. 试验的目的和意义

人工砂石粉含量的试验方法与天然砂相同，但人工砂中的石粉不完全是石粉，有可能有泥的成分，无法区分结果中的泥含量和石粉含量的大小，需要通过亚甲蓝试验进行定性判定。亚甲蓝试验不合格的人工砂的石粉中往往含有较多的泥。

2. 试验方法（亚甲蓝法）

测定方法：JGJ 52—2006 标准中 6.11 条。

1）仪器设备

烘箱（温度控制范围为105℃±5℃）；天平（称量1000g，感量1g；称量100g，感量0.01g）；试验筛（公称直径1.25mm和80μm的方孔筛各一个）；容器［要求淘洗试样时，保持试样不溅出（深度大于250mm）］；移液管（5mL、2mL）；三片或四片式叶轮搅拌器（转速可调，最高达600r/min±60r/min），直径（75mm±10mm）；定时装置（精度1s）；玻璃容量瓶（容量1L）；温度计（精度1℃）；玻璃棒（2支，直径8mm，长300mm）；滤纸（快速）；搪瓷盘、毛刷、容量为1000mL的烧杯等。

2）亚甲蓝溶液的配置

将亚甲蓝粉末在105℃±5℃下烘干至恒重，称取10g，精确到0.01g，倒入盛有约600mL蒸馏水（水温加热至35～40℃）的烧杯中，用玻璃棒持续搅拌约40min，直至亚甲蓝粉末完全溶解，冷却到20℃。

将溶液倒入1L容量瓶中，用蒸馏水淋洗烧杯等，使所有亚甲蓝溶液全部移入容量瓶，容量瓶和溶液的温度应保持20℃±1℃，加蒸馏水至容量瓶1L刻度。

振荡容量瓶以保证亚甲蓝粉末完全溶解。将容量瓶中溶液移入深色储藏瓶中，标明制备日期、失效日期（亚加蓝溶液保质期不超过28d），并置于阴暗处保存。

3）试验步骤

将样品缩分至400g，放在烘箱中于105℃±5℃下烘干至恒重，待冷至室温后，筛除大于公称直径5.0mm的颗粒备用。

称取试样200g，精确到1g。将试样倒入盛有500mL±5mL蒸馏水的烧杯中，用叶轮以600r/min±60r/min转速搅拌5min，形成悬浮液，然后以400r/min±40r/min转速持续搅拌，直至试验结束。悬浮液中加入5mL亚甲蓝溶液，以400r/min±40r/min转速搅拌至少1min后，用玻璃棒蘸取一滴悬浮液（所取悬浮液应使沉淀物直径在8～12mm以内），滴于滤纸（置于空烧杯或其他合适的支撑物上，以使滤纸表面不与任何固体或液体接触）上。

若沉淀物周围未出现色晕，再加入5mL亚甲蓝溶液，继续搅拌1min，再用玻璃棒蘸取一滴，置于滤纸上，若沉淀物周围仍未出现色晕，重复上述步骤，直至沉淀物周围出现约1mm宽的稳定浅蓝色色晕。

此时，应继续搅拌，不加亚甲蓝溶液，每1min进行一次蘸染试验。如色晕在4min内消失，再加入5mL亚甲蓝溶液；若色晕在第5min内消失，再加入2mL亚甲蓝溶液。两种情况，均应继续进行蘸染试验，直至色晕可持续5min。记录色晕持续5min时加入的亚甲蓝溶液总体积，精确至1mL。

4）亚甲蓝MB值计算

MB值按式（2-15）计算：

$$MB = V/G \times 10 \tag{2-15}$$

式中　MB——亚甲蓝值（g/kg），表示每千克0～2.36mm粒级试样所消耗的亚甲蓝克数，精确至0.01；

　　　G——试样质量（g）；

　　　V——所加入的亚甲蓝溶液的总量（mL）；

　　　10——用于将每千克试样消耗的亚甲蓝溶液体积换算成亚甲蓝质量。

5）评定规则

当 MB<1.4 时，判定以石粉为主，当 MB≥1.4 时，判定以泥粉为主的石粉。

6）亚甲蓝快速试验法

应按上述方法制备亚甲蓝溶液，一次性向烧杯中加入 30mL 亚甲蓝溶液，以 400r/min±40r/min 转速持续搅拌 8min，然后用玻璃棒蘸取一滴悬浮液，滴于滤纸上，观察沉淀物周围是否出现明显色晕，出现色晕的为合格，否则为不合格。人工砂及混合砂中的含泥量或石粉含量试验步骤及计算同天然砂的含泥量试验（标准法）。

3. 注意事项

（1）实际操作中常发生因对色晕判断不准确而导致试验误差。当周边显现明显毛刺的时候才能认为是出现明显色晕，作为判断依据；

（2）注意亚甲蓝溶液的保质期和存放条件，应在密闭容器中遮光保存不超过 28d；

（3）试样缩分步骤应注意防止细粉丢失；

（4）建议有条件的企业可采用亚甲蓝自动检测设备，减少人为误差。

（四）泥块含量

1. 试验的目的和意义

人工砂在测量泥块含量指标时，依据行标 JGJ 52 的试验方法测定常常发生指标超标的情况，这种现象的产生是由于人工砂烘干后，附着在人工砂颗粒表面的石粉并不能通过 1.25mm 的筛手动筛除，过水浸泡后这部分石粉分离出来，因此测出的泥块含量中不全是泥块，而是实际含有石粉或泥粉的部分，造成指标超标。在 GB/T 14684 中对泥块含量的试验方法进行了修订，增加了一次用水淘洗后过 0.60mm 筛的步骤，然后再按以前的方法进行泥块含量的测定，消除了砂粒表面附着石粉的影响，更符合实际情况。因此，后面介绍了国标泥块含量的试验方法。

2. 试验方法一（JGJ 52）

1）泥块含量试验用主要仪器设备

天平（称量 1000g，感量 1g；称量 5000g，感量 5g），烘箱（温控范围为 105℃±5℃），试验筛（筛孔公称直径 1.25mm 和 630μm 的方孔筛各一个），洗砂用的容器及烘干用的浅盘等。

2）样品制备

将试验样品缩分至约 5000g，置于温度 105℃±5℃的烘箱内烘干至恒重，冷却至室温，筛除小于 1.25mm 的颗粒，取筛上的砂不少于 400g 的试样分为两份备用。

3）试验步骤

称取试样约 200g（m_1）置于容器中，注入饮用水，使水面高出砂面 150mm，充分拌均后，浸泡 24h，然后用手在水中碾碎泥块，再把试样放在 630μm 的方孔筛上用手淘洗，直至水清澈。保留下来的试样，装入浅盘置于温度 105℃±5℃的烘箱内烘干至恒重，冷却称重（m_2）。

使用下列公式进行计算（精确至 0.1%），以两次试样试验结果的算术平均值作为测定值。

根据式（2-16）计算：

$$\omega_{c,L} = \frac{m_1 - m_2}{m_1} \times 100\%$$ (2-16)

式中 $\omega_{c,L}$——泥块含量（%）；

m_1——试验前的干燥试样质量（g）；

m_2——试验后的干燥试样质量（g）。

计算结果精确至 0.1%。

3. 试验方法二（GB/T 14684）

1）泥块含量试验用主要仪器设备

烘箱，温度控制在 105℃±5℃；天平（量程不小于 1000g，分度值不大于 0.1g）；试验筛孔径为 0.60mm 及 1.18mm 的筛；淘洗容器，深度应大于 250mm，淘洗试样时以保持试样不溅出。

2）样品制备

按规定取样，并将试样缩分至约 5000g，放在烘箱中于 105℃±5℃下烘干至恒重。待冷却至室温后，用 1.18mm 的筛手动筛分，取筛上物平均分为 2 份备用。

3）试验步骤

将一份试样倒入淘洗容器中，注入清水进行第一次水洗，水面应高于试样面，用玻璃棒适度搅拌后，将试样过 0.60mm 的筛，将筛上试样全部取出，装入浅盘后，放在烘箱中于 105℃±5℃下烘干至恒重，称出其质量（m_{b0}），精确至 0.1g。

将经过处理后的试样倒入淘洗容器中，注入清水进行第二次水洗，水面应高于试样面，充分搅拌均匀后，浸泡 24h±0.5h。然后用手在水中碾碎泥块，再将试样放在 0.60mm 的筛上，用水淘洗，直至容器内的水目测清澈为止。保留下来的试样从筛中取出，装入浅盘盘后，放在烘箱中于 105℃±5℃下烘干至恒重，待冷却到室温后，称出其质量（m_{b1}），精确至 0.1g。

结果计算：泥块含量按式（2-17）计算，精确至 0.1%。

$$Q_b = \frac{m_{b0} - m_{b1}}{m_{b0}} \times 100\%$$ (2-17)

式中 Q_b——泥块含量（%）

m_{b0}——第一次水洗后 0.60mm 筛上试样烘干后的质量（g）；

m_{b1}——第二次水洗后 0.60mm 筛上试样烘干后的质量（g）。

泥块含量取两次试验结果的算术平均值，精确至 0.1%。

4. 注意事项

(1) GB/T 14684 根据机制砂的特点，优化了泥块含量的试验方法，因此建议泥块含量可采用 GB/T 14684 中的试验方法，技术指标仍依据 JGJ 52 进行评定。

(2) GB/T 14684 规定取样缩分至约 5000g，最后用 1.18mm 的筛手动筛分，取筛上物平均分为两份备用。JGJ 52 区别于 GB/T 14684，这两份的量不固定，随每次砂的质量而变化。

（五）砂含水率试验

1. 试验的目的和意义

由于砂含有一些与表面贯通的孔隙或裂缝，水可以进入颗粒的内部，水也能保留在颗粒表面而形成水膜，因此骨料具有含水的性质。砂含水率是混凝土生产过程中最重要的控制指标之一。

由于砂含水率指标在砂进场和生产控制中对实时性的要求较高，因此在搅拌站实际应用中，一般采用快速法检测砂含水率，因此，本书着重介绍快速法，本方法适用于快速测定砂的含水率，不适用检测含泥量过大以及有机杂质含量较多的砂的含水率。

2. 试验方法

1) 仪器设备

电炉（或火炉），天平（称量 1000g，感量 1g），炒盘（铁质或铝制），油灰铲、毛刷等。

2) 试验步骤

由密封样品中取 500g 试样放入干净的炒盘（m_1）中，称取试样与炒盘的总质量（m_2），置炒盘于电炉（或火炉）上，用小铲不断地翻拌试样，到试样表面全部干燥后，切断电源（或移出火外），再继续翻拌 1min，稍予冷却（以免损坏天平）后，称干样与炒盘的总质量（m_3）。

3) 计算

砂的含水率试验（快速法）应按式（2-18）计算，精确至 0.1%：

$$\omega_{wc}=\frac{m_2-m_3}{m_3-m_1}\times100\%\qquad(2-18)$$

式中　ω_{wc}——砂的含水率（%）；

　　　m_1——炒盘质量（g）；

　　　m_2——未烘干试样与炒盘的总质量（g）；

　　　m_3——烘干后试样与炒盘的总质量（g）。

以两次试验结果的算术平均值作为测定值。

3. 注意事项

（1）本方法为快速测定法，对含泥量过大或有机物含量较多的砂不适用。有争议或批次检验时建议选用标准法测定。

（2）在炒盘中翻拌至表面干燥即可切断电源，不宜翻炒时间过长。

（3）试验过程中注意防止砂粒丢失。

（六）坚固性

1. 试验的目的和意义

通过测定硫酸钠饱和溶液渗入砂中形成结晶时的裂胀力对砂的破坏程度，来间接地判断其坚固性。坚固性指标主要用于判断砂是否适用于处于相对恶劣环境的混凝土。

2. 试验方法

1) 采用仪器设备

烘箱——温度控制范围 105℃±5℃；天平——称量 1000g，感量 1g；试验筛——筛孔公称直径分别为 5.00mm、2.50mm、1.25mm、630μm、315μm、160μm 的方孔筛各一只；容器——搪瓷盆或瓷缸，容量不小于 10L；三脚网篮——内径及高均为 70mm，由铜丝或镀锌铁丝制成，网孔的孔径不应大于所盛试样粒级下限尺寸的一半；试剂——无水硫酸钠；比重计；氯化钡——浓度为 10%。

预拌混凝土试验技术实用手册

2）溶液的配制及试样制备

取一定数量的蒸馏水（取决于试样及容器大小，加温至 30～50℃），每 1000mL 蒸馏水加入无水硫酸钠 300～350g，用玻璃棒搅拌，使其溶解并饱和，然后冷却至 20～25℃，在此温度下静置两昼夜，其密度应为 1151～1174kg/m³；

将缩分后的样品用水冲洗干净，在 105℃±5℃ 的温度下烘干冷却至室温备用。

3）试验步骤

称取公称粒级分别为 5.00～2.50mm、2.50～1.25mm、1.25mm～630μm、630～315μm 的试样各 100g。

分别装入网篮并浸入盛有硫酸钠溶液的容器中，溶液体积应不小于试样总体积的 5 倍，其温度应保持在 20～25℃。三脚网篮，浸入溶液时，应先上下升降 25 次，以排除试样中的气泡，然后静置于该容器中。此时，网篮之间的间距应不小于 30mm，试样表面至少应在液面以下 30mm。

浸泡 20h 后，从溶液中提出网篮，放在温度为 105℃±5℃ 的烘箱中烘烤 4h，至此，完成了第一次循环。待试样冷却至 20～25℃ 以后，即开始第二次循环，从第二次循环开始，浸泡及烘烤时间均为 4h。

第五次循环完成后，将试样置于 20～25℃ 的清水中洗净硫酸钠，再在 105℃±5℃ 的烘箱中烘干至恒重，取出并冷却至室温后，用孔径为试样粒级下限的筛，过筛并称量各粒级试样试验后的筛余量。

4）试验结果计算

试样中各粒级颗粒的分计质量损失百分率 δ_{ji} 应按式（2-19）计算：

$$\delta_{ji} = \frac{m_i - m_i}{m_i} \times 100\% \tag{2-19}$$

式中　δ_{ji}——各粒级的分计质量损失百分率（%）；

　　　m_i——每一粒级试样试验前的质量（g）；

　　　m_i——经硫酸钠溶液试验后，每一粒级筛余颗粒的烘干质量（g）。

300μm～4.75mm 粒级试样的总质量损失百分率 δ_j 应按式（2-20）计算，精确至 1%：

$$\delta_j = \frac{\alpha_1\delta_{j1} + \alpha_2\delta_{j2} + \alpha_3\delta_{j3} + \alpha_4\delta_{j4}}{\alpha_1 + \alpha_2 + \alpha_3 + \alpha_4} \times 100\% \tag{2-20}$$

式中　　　δ_j——试样的总质量损失百分率（%）；

α_1、α_2、α_3、α_4——公称粒级分别为 630～315μm、1.25mm～630μm、2.50～1.25mm、5.00～2.50mm 粒级在筛除小于公称粒径 315μm 及大于公称粒径 5.00mm 颗粒后的原试样中所占的百分率（%）；

δ_1、δ_2、δ_3、δ_4——公称粒级分别为 630～315μm、1.25mm～630μm、2.50～1.25mm、5.00～2.50mm 各粒级的分计质量损失百分率（%）。

3. 注意事项

（1）应保持硫酸钠溶液温度在 20～25℃，同时应严格按照标准要求控制浸泡时间。

（2）若是特细砂，应筛去公称粒径 160μm 以下和 2.50mm 以上的颗粒，称取公称

42

粒级分别为 $2.50 \sim 1.25$mm、1.25mm $\sim 630 \mu$m、$630 \sim 315 \mu$m、$160 \sim 315 \mu$m 的试样各100g。

第三节　石试验

一、概述

石是粒径大于 4.75mm 的岩石颗粒，作为混凝土的粗骨料，是混凝土原材料整体级配的骨架材料，使混凝土具有更好的体积稳定性和更好的耐久性。早期卵碎石为主，现阶段由于受到环境保护的影响，山碎石、矿山废石以及再生碎石逐渐占有更高比例。石的级配、粒形、含泥量、泥块含量等指标，对混凝土拌和物性能、强度及耐久性均有显著影响，因此，严格控制石的品质，对提高混凝土的质量具有重要意义。

二、定义及分类

《普通混凝土用砂、石质量及检验方法标准》（JGJ 52—2006）将石分为碎石和卵石。碎石是由天然岩石或卵石经破碎、筛分而得的，公称粒径大于 5.00mm 的岩石颗粒，即山碎石和卵碎石；卵石是指由自然条件下形成的，公称粒径大于 5.00mm 的岩石颗粒。

《建设用卵石、碎石》（GB/T 14685—2022）定义粗骨料为粒径大于 4.75mm 的岩石颗粒，分为卵石和碎石两类。卵石是指自然条件作用下岩石产生破碎、风化、分选、运移、堆（沉）积，而形成的粒径大于 4.75mm 的岩石颗粒；碎石是指由天然岩石、卵石或矿山废石经破碎、筛分等机械加工而成的，粒径大于 4.75mm 的岩石颗粒。GB/T 14685 按技术要求将石分为Ⅰ类、Ⅱ类、Ⅲ类三种类别。Ⅰ类宜用于强度等级大于 C60 的混凝土；Ⅱ类宜用于强度等级为 C30～C60 及抗冻、抗渗或其他要求的混凝土；Ⅲ类宜用于强度等级小于 C30 的混凝土。

卵石通常呈现圆形或椭圆形，表面洁净、光滑、比表面积小，拌制的混凝土的和易性好，但与浆体的黏结性能较差。碎石相对于卵石表面粗糙，外形呈现不规则状态，用于混凝土中流动性、和易性不如卵石，但它与水泥浆体的握裹力更强。道路混凝土一般会选用碎石，以提高抗折强度。

三、技术指标

1. 颗粒级配

石子的颗粒级配是指不同粒径的尺寸搭配比例，反映了空隙率的大小和连续性的好坏。卵石、碎石根据试验套筛各筛孔尺寸累计筛余百分数的分布情况分为连续粒级和单粒级。混凝土生产用石应采用连续粒级，单粒级宜用于组合成满足要求的连续粒级。碎石或卵石的颗粒级配，应符合表 2-11 中规定的要求。

表 2-11　碎石或卵石的颗粒级配范围

级配情况	公称粒级（mm）	累计筛余（按质量计,%）											
		方孔筛筛孔边长尺寸（mm）											
		2.36	4.75	9.5	16.0	19.0	26.5	31.5	37.5	53	63	75	90
连续粒级	5～10	95～100	80～100	0～15	0	—	—	—	—	—	—	—	—
	5～16	95～100	85～100	30～60	0～10	0	—	—	—	—	—	—	—
	5～20	95～100	90～100	40～80	—	0～10	0	—	—	—	—	—	—
	5～25	95～100	90～100	—	30～70	—	0～5	0	—	—	—	—	—
	5～31.5	95～100	90～100	70～90	—	15～45	—	0～5	0	—	—	—	—
	5～40	—	95～100	70～90	—	30～65	—	—	0～5	0	—	—	—
单粒级	10～20	—	—	95～100	85～100	—	0～15	—	—	—	—	—	—
	16～31.5	—	95～100	—	85～100	—	—	0～10	—	—	—	—	—
	20～40	—	—	95～100	—	80～100	—	—	0～10	0	—	—	—
	31.5～63	—	—	—	95～100	—	—	75～100	45～75	—	0～10	0	—
	40～80	—	—	—	—	95～100	—	—	70～100	—	30～60	0～10	0

2. 含泥量

卵石、碎石中粒径小于 $80\mu m$ 的颗粒含量，要求见表 2-12。

表 2-12　碎石或卵石中含泥量

	混凝土强度等级	≥C60	C55～C30	≤C25
含泥量（按质量计,%）	普通混凝土	≤0.5	≤1.0	≤2.0
	抗冻、抗渗或其他特殊要求混凝土	≤0.5	≤1.0	≤1.0
	含泥是非黏土质的石粉时抗冻、抗渗或其他特殊要求混凝土	≤1.0	≤1.5	≤3.0

3. 泥块含量

石的公称粒径大于 5.00mm，经水洗、手捏后小于 2.50mm 的颗粒含量，要求见表 2-13。

表 2-13　碎石或卵石中泥块含量

	混凝土强度等级	≥C60	C55～C30	≤C25
泥块含量（按质量计,%）	普通混凝土	≤0.2	≤0.5	≤0.7
	抗冻、抗渗或其他特殊要求的强度等级小于 C30 的混凝土	≤0.2	≤0.5	≤0.5

4. 针片状颗粒

凡岩石颗粒的长度大于该颗粒所属粒级的平均粒径 2.4 倍者为针状颗粒；凡厚度小于平均粒径 0.4 倍者为片状颗粒。平均粒径指该粒级上、下限粒径的平均值。要求见表 2-14。

表 2-14　针、片状颗粒含量

JGJ 52—2006规定	混凝土强度等级	≥C60	C55～C30	≤C25
	针、片状颗粒含量（按质量计,%）	≤8	≤15	≤25

5. 压碎值指标

碎石、卵石抵抗压碎的能力。碎石的强度可用岩石的抗压强度和压碎值指标表示。以往曾有这样的规定：岩石的抗压强度应比所配制的混凝土强度至少高 20％，但试验证明，这一规定并不完全适用于富浆和大流动性混凝土。当混凝土强度等级大于或等于 C60 时，应进行岩石抗压强度检验，岩石强度首先应由生产单位提供，工程中可采用压碎值指标进行质量控制。指标要求见表 2-15。

表 2-15 压碎值指标

岩石品种		混凝土强度等级	压碎值指标
碎石	沉积岩	C60～C40	≤10
		≤C35	≤16
	变质岩或深成的火成岩	C60～C40	≤12
		≤C35	≤20
	喷出的火成岩	C60～C40	≤13
		≤C35	≤30
卵石		C60～C40	≤12
		≤C35	≤16

注：沉积岩包括石灰岩、砂岩等。变质岩包括片麻岩、石英岩等。深成的火成岩包括花岗岩、正长岩、闪长岩和橄榄岩等。喷出的火成岩包括玄武岩和辉绿岩等。

6. 坚固性

坚固性是指骨料在气候、环境变化或其他物理因素作用下抵抗破裂的能力。碎石或卵石的坚固性应用硫酸钠溶液法检验，试样经 5 次循环后，其质量损失应符合表 2-16 要求。

表 2-16 碎石或卵石的坚固性指标

混凝土所处的环境条件及其性能要求	5 次循环后的质量损失（%）
在严寒及寒冷地区室外使用，并经常处于潮湿或干湿交替状态下的混凝土；有腐蚀性介质作用或经常处于水位变化区的地下结构或有抗疲劳、耐磨、抗冲击等要求的混凝土	≤8
在其他条件下使用的混凝土	≤12

7. 有害物质含量

碎石或卵石中的硫化物和硫酸盐含量以及卵石中有机物等有害物质含量，应符合表 2-17规定。当卵石或碎石中含有颗粒状硫酸盐或硫化物杂质时，应进行专门检验，确认能满足混凝土耐久性要求后，方可采用。

表 2-17 碎石或卵石中有害物质含量

项目	质量要求
硫化物及硫酸盐含量（折算成 SO_3 按质量计,%）	≤1.0
卵石中有机物含量（用比色法试验）	颜色应不深于标准色。当颜色深于标准色时，应配制出混凝土进行强度对比试验，抗压强度比应不低于 0.95

8. 碱活性试验

对于长期处于潮湿环境的重要结构混凝土，其所使用的碎石或卵石应进行碱活性检验。

在进行碱活性检验时，首先应采用岩相法检验碱活性骨料（能在一定环境下与混凝土中的碱发生化学反应，导致混凝土膨胀、开裂甚至破坏的骨料）的品种、类型和数量。当检验出骨料中含有活性二氧化硅时，应采用快速砂浆棒法和砂浆长度法进行碱活性检验；当检验出骨料中含有活性碳酸盐时，应采用岩石柱法进行碱活性检验。

经检验判定骨料存在潜在碱-碳酸盐反应危害时，不宜作为混凝土骨料；否则应通过专门的混凝土试验做最后评定。当判定骨料存在潜在碱-硅反应危害时，应控制混凝土中的碱含量不超过 3kg/m³，或采用能抑制碱-骨料反应的有效措施。

四、取样方法

按 JGJ 52 进行取样。预拌混凝土企业，作为内部质量控制的取样方法，在保证样品具有代表性的前提下，可以根据实际情况确定，遇有争议时，应以标准取样方法为准。

五、必试项目和验收批

1. 必试项目及验收批

JGJ 52 规定每验收批石至少应进行颗粒级配、含泥量、泥块含量检验。对于碎石或卵石，还应检验针片状颗粒含量。对于重要工程或特殊工程，应根据工程要求增加检测项目。对其他指标的合格性有怀疑时，应予检验。使用单位应按石的同产地同规格分批验收，应以 400m³ 或 600t 为一检验批。当砂或石的质量比较稳定、进料量又较大时，可以 1000t 为一检验批。"质量比较稳定、进料量又较大"是指日进料在 1000t 以上，连续复验 5 次以上合格（4.0.2 条文说明）。当使用新产源的石，供货单位应按标准的质量要求进行全面检验。

《混凝土质量控制标准》（GB 50164—2011）规定粗骨料的质量控制项目应包括颗粒级配、针片状颗粒含量、含泥量、泥块含量、压碎值指标和坚固性。用于高强混凝土的粗骨料主要控制项目还应包括岩石抗压强度。

北京市地方标准《预拌混凝土质量管理规程》（DB11/T 385—2019）规定粗骨料的进场检验项目为颗粒级配、含泥量、泥块含量、针片状含量。同厂家、同规格的骨料不超过 400m³ 或 600t 为一检验批。当同厂家、同规格的骨料连续进场且质量稳定时，可一周至少检验一次。

2. 判定规则

按 GB/T 14685 规定，当试验结果符合 GB/T 14685 中 6.1～6.9 规定时，可判定该批产品合格。当有一项试验结果不符合 GB/T 14685 中 6.1～6.9 规定时，应从同一批产品中加倍取样，对该项进行复验，当复验结果符合规定，则判定该批品合格，当复验仍不满足标准规定时，则判为不合格。当有两项及以上试验结果不符合时，则判该批产品不合格。

如无特殊要求，搅拌站对石的技术指标按照行业标准 JGJ 52 中 3.2 的指标要求进行判定，判定该批石子的级配区间，判定该批石子是否符合标准对该批石子所应用的混凝土所规定的指标要求，包括不同的强度等级，抗渗、抗冻性能或者所处环境的要求等。

六、必试项目的试验方法及注意事项

（一）卵石或碎石的筛分析试验

1. 试验的目的和意义

本试验适用于测定碎石或卵石的颗粒级配。良好的级配可减小空隙率，节约用水量，提高密实度，可以在较低用水量下获得良好的工作性。石的级配有连续级配和单粒级两种。搅拌站较常使用连续级配的石子，但在运输卸料和储存的过程中容易造成级配分离，石子的级配状况不理想使混凝土质量波动较大，增加控制难度。因此，在工艺条件允许的情况下，建议根据配合比设计需要的最优比例，采用多级配方式达到石子的连续粒级级配，以使混凝土达到最优性能。

石子的粒径越大，混凝土需水量越少，可节约水泥、降低黏度，减少收缩，但当粒径过大时，影响新拌混凝土的泵送性。石子粒径小，混凝土泵送性能好，但当粒径过小时，空隙率高，对混凝土的体积稳定性也会有不利的影响。石子最大粒径的选择应综合考虑各种因素的影响，包括泵管内径、钢筋密度、强度等级、混凝土结构部位性能要求等进行选择。一般情况下预拌混凝土石子的最大粒径为 25mm 或 31.5mm。强度等级为 C60 及以上的混凝土所用的石子，最大粒径不宜大于 25mm。

2. 试验方法

1）主要仪器设备

试验筛（筛孔公称直径为 100.0mm、80.0mm、63.0mm、50.0mm、40.0mm、31.5mm、25.0mm、20.0mm、16.0mm、10.0mm、5.00mm、2.50mm 的方孔筛以及筛的底盘和盖各一只），其规格和质量要求应符合现行国家标准《试验筛 技术要求和检验 第 2 部分：金属穿孔板试验筛》（GB/T 6003.2）的要求，筛框直径 300mm；摇筛机；烘箱（温度控制 105℃±5℃）；天平和秤（天平的称量 5kg，感量 5g；秤的称量 20kg，感量 20g）；浅盘。

2）试验步骤

按表 2-18 的规定称取试样一份，将试样按筛孔大小顺序过筛，当每只筛上的筛余层厚度大于试样的最大粒径值时，应将该筛上的筛余试样分成两份，再次进行筛分，直至各筛每分钟的通过量不超过试样总量的 0.1％。

表 2-18 筛分析所需试样的最少质量

公称粒径（mm）	10.0	16.0	20.0	25.0	31.5	40.0	63.0	80.0
试样最少质量（kg）	2.0	3.2	4.0	5.0	6.3	8.0	12.6	16.0

称取各筛筛余的质量，精确至试样总质量的 0.1％。各筛的分计筛余量和筛底剩余量的总和与筛分前测定的试样总量相比，其相差不得超过 1％。

计算分级筛余（各筛上筛余量除以试样的百分率），精确至 0.1%；

计算累计筛余（该筛的分级筛余与筛孔大于该筛的各筛的分级筛余百分率之总和），精确至 1%。

依据各筛的累计筛余，评定试样的颗粒级配。

3. 注意事项

（1）当每号筛的筛余量与筛底的剩余量之和同原试样质量之差超过 1% 时，须重新试验。

（2）当某筛上的筛余层厚度大于试样的最大粒径时，将该筛上的筛余试样分成两份筛分。特别注意，筛分析时要过最大粒径上一级的筛。

（3）在进行筛分析试验前，应对筛子进行检查，避免有上次试验卡在筛网中未清理的石子，同时，在进行试验时确保每次称量时都将筛网上卡住的小石子都清理干净。

（4）当筛余试样的颗粒粒径比公称粒径大 20mm 以上时，在筛分中，允许用手拨动颗粒。

（5）JGJ 52 与 GB/T 14685 差异：颗粒级配试验方法不同，应根据判定标准选择对应的试验方法。

（二）含泥量试验

1. 试验的目的和意义

石子含泥量会影响混凝土的工作性、外加剂掺量和坍落度损失，影响硬化混凝土强度和耐久性能。

2. 试验方法

1）仪器设备

试验筛——（筛孔公称直径为 1.25mm 及 80μm 的方孔筛各一只）；秤——称量 20kg，感量 20g；烘箱——温度控制范围为 105℃±5℃；容器——容积约为 10L 的瓷盘或金属盒；浅盘。

2）含泥量的测定试样的制备（表 2-19）

表 2-19　含泥量试验所需的试样的最少质量

公称粒径（mm）	10.0	16.0	20.0	25.0	31.5	40.0	63.0	80.0
试样最少质量（kg）	2	2	6	6	10	10	20	20

将样品缩分至规定的量（注意防止细粉丢失），并置于温度为 105℃±5℃ 的烘箱内烘干至恒重，冷却至室温后分成两份备用。

3）试验步骤

称取规定试样一份装入容器中摊平，并注入饮用水，使水面高出石子表面 150mm；浸泡 2h 后，用手在水中淘洗颗粒。

使尘屑、淤泥和黏土与较粗颗粒分离，并使之悬浮或溶解于水。缓缓地将浑浊液倒入公称直径为 1.25mm 及 80μm 的方孔套筛（1.25mm 筛放置上面）上，滤去小于 80μm 的颗粒（试验前，试验筛进行湿润）。再次加水于容器中，重复上述过程，直至洗出的水清澈为止。

用水冲洗剩留到筛上的细粒，并将 $80\mu m$ 方孔筛放入水中来回摇动，以充分洗除小于 $80\mu m$ 的颗粒，然后将 1.25mm 及 $80\mu m$ 筛上的剩留颗粒和筒中已洗净的试样一起装入浅盘，置于温度为 105℃±5℃ 的烘箱内烘干至恒重，取出冷却至室温后，称取试样质量。

4）计算

碎石或卵石中含泥量 ω_c 应按式（2-21）计算，精确至 0.1%：

$$\omega_c = \frac{m_0 - m_1}{m_0} \times 100\%$$ (2-21)

式中 ω_c——含泥量（%）；

m_0——试验前烘干试样质量（g）；

m_1——试验后烘干试样质量（g）。

以两个试样试验结果的算术平均值作为测定值。当两次结果之差大于 0.2% 时，应重新取样进行试验。

（三）泥块含量

1. 试验的目的和意义

石子中的泥块含量同砂中的一样，也会造成混凝土的薄弱环节，其体积的干缩和膨胀也会严重影响混凝土的质量，因此也是需要严格控制的指标。

2. 试验方法

1）仪器设备

试验筛——筛孔公称直径为 2.50mm 及 5.00mm 的方孔筛；秤——称量 20kg，感量 20g；烘箱——温度控制范围为 105℃±5℃；水筒及浅盘等。

2）试样的制备

将样品缩分至与含泥量试验规定的量，缩分时应防止所含黏土块被压碎。并置于温度为 105℃±5℃ 的烘箱内烘干至恒重，冷却至室温后分成两份备用。

3）试验步骤

筛去小于 5.00mm 以下的颗粒，称取规定数量 m_0，将试样在容器中摊平，加入饮用水使水面高出试样表面，24h 后把水放出，用手碾压泥块，然后把试样放在 2.50mm 的方孔筛上摇动淘洗，直至水清澈，将筛上的试样小心地从筛上取出，置于温度为 105℃±5℃ 的烘箱内烘干至恒重，取出冷却至室温后称取质量 m_1。

4）计算

泥块含量 $\omega_{c,L}$ 应按式（2-22）计算，精确至 0.1%：

$$\omega_{c,L} = \frac{m_0 - m_1}{m_0} \times 100\%$$ (2-22)

式中 $\omega_{c,L}$——泥块含量（%）；

m_0——公称直径 5mm 筛上筛余量（g）；

m_1——试验后烘干试样质量（g）。

以两个试样试验结果的算术平均值作为测定值。

（四）针状和片状颗粒总含量试验

1. 试验的目的和意义

石子的针片状含量对混凝土的工作性、强度和耐久性能都有一定程度的影响，但主要影响混凝土的工作性能。石子比较理想的颗粒形状为圆润的立方体或球形颗粒。当针片状颗粒含量多和石子级配不好时，混凝土和易性差，在泵送时易造成骨料堆积，造成堵管，影响混凝土浇筑。

2. 试验方法

1）仪器设备

针状规准仪、片状规准仪或游标卡尺；试验筛——（筛孔公称直径为 80.0mm、63.0mm、40.0mm、31.5mm、25.0mm、20.0mm、10.0mm、5.00mm 的方孔筛各一只）；天平和秤——天平的称量 2kg，感量 2g；秤的称量 20kg，感量 20g；卡尺。

2）试样的制备

将样品在室内风干缩分至表 2-20 规定的量。

表 2-20　针状和片状颗粒的总含量试验所需的试样最少质量

公称粒径（mm）	10.0	16.0	20.0	25.0	31.5	≥40.0
试样最少质量（kg）	2	2	6	6	10	10

3）试验步骤

按规定试验数量，称取试样一份（m_0），进行筛分备用。按规定的粒级，用规准仪逐粒对试样进行鉴定，凡颗粒长度大于针片状规准仪上相应的间距的为针状颗粒，厚度小于片状规准仪上相应孔宽的为片状颗粒，公称粒径大于 40mm 的可用卡尺鉴定其针片状颗粒，称出针状和片状的总质量（m_1）。

4）结果计算

碎石或卵石中针状和片状颗粒的总含量应按式（2-23）计算，精确至 1%：

$$\omega_p = \frac{m_1}{m_0} \times 100\%$$ （2-23）

式中　ω_p——针状和片状颗粒的总含量（%）；

m_1——试样中所含针状和片状颗粒的总质量（g）；

m_0——试样总质量（g）。

3. 注意事项

在进行石子针片状试验时，由于石子形状不规整，有时需多试几个角度才能从片状规准仪孔中漏下。

（五）压碎值指标试验

1. 试验的目的和意义

压碎值指标是反映碎石或卵石抵抗压碎的能力。压碎值指标越小，骨料的强度越高。压碎值指标是反映骨料强度的相对指标，在骨料的抗压强度不便测定时，用来间接地推测其相应的强度。

2．试验方法

1）仪器设备

压碎值指标测定仪；方孔筛——筛孔公称直径为 10.0mm 和 20.0mm 的方孔筛各一只；压力试验机——荷载 300kN；秤——5kg ，感量 5g。

2）样品制备

标准试样一律采用公称粒径为 10.0～20.0mm 的颗粒，并在风干状态下进行试验。

对多种岩石组成的卵石，当期公称粒径大于 20.0mm 颗粒的岩石矿物成分与 10.0～20.0mm 有显著差异时，应将大于 20.0mm 的颗粒经人工破碎后，筛取 10.0～20.0mm 标准粒级另外进行压碎值指标试验。

将缩分后的样品先筛除试样中公称粒径 10.0mm 以下及 20.0mm 以上的颗粒，再用针状和片状规准仪去除针状和片状颗粒，然后称取每份 3kg 的试样 3 份备用。

3）试验步骤

称取 3000g 样品，置圆筒于底盘上，将样品分两层装入圆筒，每装完一层试样后，在底盘的下面垫放一直径为 10mm 的圆钢筋，将筒按住，左右交替颠击地面各 25 下，第二层颠实后，试样表面距盘底的高度应控制为 100mm 左右。

整平筒内试样表面，把加压头装好（注意应使加压头保持平正）。将装有样品的圆筒置于压力试验机上，在 160～300s 内均匀加荷到 200kN，稳压 5s 后卸载。

取出测定筒，倒出筒中的样品称量质量 m_0，将样品过 2.50mm 筛，称取筛上试样质量 m_1。

4）计算压碎值

压碎值按式（2-24）计算：

$$\delta_a = (m_0 - m_1) / m_0 \times 100\%\qquad\qquad(2\text{-}24)$$

式中　δ_a——压碎指标（％）

m_1——压碎试验后筛余的试样质量（g）；

m_0——试样的质量（g）。

以 3 次试验结果的算术平均值作为压碎指标测定值，计算精确至 0.1％。

3．注意事项

在筛取 10.0～20.0mm 标准粒级时，应增加 16.0mm 筛，以便用针状和片状规准仪剔除针状和片状颗粒。

（六）石含水率试验

1．试验的目的和意义

石含水率的测定主要应用于进场检验和混凝土生产过程中的用水量控制。

2．试验方法

1）采用仪器设备

烘箱——温度控制范围为 105℃±5℃；秤——称量 20kg，感量 20g；容器——如浅盘等。

2）试验步骤

称取 2000g 试样，分成两份备用，将试样置于干净的容器中，称取试样和容器的总质量（m_1），并在 105℃±5℃的烘箱中烘干至恒重，取出试样，冷却后称取试样与容器的总质量（m_2），并称取容器的质量（m_3）。

3）含水率计算

含水率按式（2-25）计算：

$$\omega_{wc}=\frac{m_1-m_2}{m_2-m_3}\times100\%\qquad(2\text{-}25)$$

式中　ω_{wc}——含水率（％）；

　　　m_1——烘干前试样与容器总质量（g）；

　　　m_2——烘干后试样与容器总质量（g）；

　　　m_3——容器质量（g）。

以两次试验结果的算术平均值作为测定值，精确至 0.1％。

3. 注意事项

石含水率测定无快速方法，只能使用烘箱，要与砂含水快速测定方法区分开。

第四节　外加剂试验

一、概述

外加剂的应用改善了新拌及硬化混凝土的性能，如改善工作性，提高强度、耐久性，调节凝结时间和硬化速度，获得特殊性能的混凝土。同时也促进了工业副产品在胶凝材料系统中更多的应用，有助于节约资源和环境保护[1]。

随着建筑工程向高层化、大荷载、大跨度、大体积、快速、经济、节能方向发展，新型高性能混凝土的大量采用，在混凝土材料向高新技术领域发展的同时，也促进混凝土外加剂向高效、多功能和复合化的方向发展。因此，如何提高混凝土外加剂的减水率，以便在保持工作度情况下最大限度地减少拌和用水；如何更大地提高混凝土的密实性，减少收缩，提高抗冻融性能等，使混凝土的物理性能进一步提高。发展和研制新的高效、多功能、复合型外加剂产品是混凝土外加剂工业面临的新课题[2]。

外加剂品种繁多，在混凝土中的用量却很少，但各种混凝土外加剂的应用改善了新拌混凝土和硬化混凝土性能，促进了混凝土技术的发展，促进了工业副产品在胶凝材料系统中的更多应用，有助于资源节约和环境保护，并成为优质混凝土必不可少的材料。

二、定义、分类

1. 定义

混凝土外加剂是指混凝土中除胶凝材料、骨料、水和纤维等组分以外，在混凝土拌制之前或拌制过程中加入的，用以改善新拌混凝土和（或）硬化混凝土性能，对人、生物及环境安全无有害影响的材料。

2. 分类

1）按外加剂主要使用功能分为四类

（1）改善混凝土拌和物流变性能的外加剂，包括各种减水剂和泵送剂等。减水剂是混凝土外加剂中最重要的品种，按其减水率大小，可分为普通减水剂（以木质素磺酸盐类为代表）、高效减水剂（包括萘系、密胺系、氨基磺酸盐系、脂肪族系等）和高性能减水剂（以聚羧酸系高性能减水剂为代表）。

（2）调节混凝土凝结时间、硬化性能的外加剂，包括缓凝剂、早强剂、促凝剂和速凝剂等。

（3）改善混凝土耐久性的外加剂，包括引气剂、防水剂、阻锈剂和矿物外加剂等。

（4）改善混凝土其他性能的外加剂，包括加气剂、膨胀剂、防冻剂、着色剂、防水剂等。

2）按外加剂组成分为两类

（1）有机质类外加剂——表面活性物质。

（2）无机质类外加剂——电解质盐类化合物。

三、《混凝土外加剂》（GB 8076—2008）

（一）外加剂品种

GB 8076 规定了高性能减水剂（早强型、标准型、缓凝型）、高效减水剂（标准型、缓凝型）、普通减水剂（早强型、标准型、缓凝型）、引气减水剂、泵送剂、早强剂、缓凝剂及引气剂等品种。

1. 普通减水剂

在混凝土坍落度基本相同的条件下，能减少拌和用水量的外加剂，减水率不小于8%的外加剂。（早强型、标准型、缓凝型）以木质素磺酸盐类为代表。

2. 高效减水剂

在混凝土坍落度基本相同的条件下，能大幅度减少拌和用水量的外加剂，减水率不小于14%的外加剂。（标准型、缓凝型）包括萘系、密胺系、氨基磺酸盐系、脂肪族系等。

3. 高性能减水剂

比高效减水剂具有更高减水率、更好坍落度保持性能、较小干燥收缩，且具有一定引气性能的减水剂。在混凝土坍落度基本相同的条件下，减水率不小于25%的外加剂。高性能减水剂（早强型、标准型、缓凝型）以聚羧酸系高性能减水剂为代表。

4. 引气剂及引气减水剂

在混凝土搅拌过程中能引入大量均匀分布、稳定而封闭的微小气泡且能保留在硬化混凝土中的外加剂。引气剂是一种低表面张力的表面活性剂。混凝土搅拌过程中会引入空气生成气泡，但这种气泡既不均匀也不稳定，在混凝土搅拌和振捣过程中很容易由小变大而逸出，而要形成稳定、细小的气泡，则要借助引气剂。在混凝土搅拌过程中引入大量均匀分布、稳定而封闭的微小气泡，起到改善混凝土和易性，提高混凝土抗冻性和耐久性的作用。不同品种的引气剂对混凝土的含气量影响不同，一般说来，阴离子型引气剂（如常用的松香热聚物等）具有较好的气泡能力，但泡沫较大，稳定性不好。非离子型引气剂（如皂苷类引气剂类等）气泡能力差，但泡沫小，稳定性好[3]。

兼有引气和减水功能的外加剂称为引气减水剂。

5. 泵送剂

能改善混凝土拌和物泵送性能的外加剂。

6. 早强剂

加速混凝土早期强度发展的外加剂。

7. 缓凝剂

延长混凝土凝结时间的外加剂。兼有缓凝功能和减水功能的外加剂称为缓凝减水剂；兼有缓凝功能和高效减水功能的外加剂称为缓凝高效减水剂。

（二）外加剂的使用要求

《混凝土质量控制标准》（GB 50164—2011）规定，外加剂质量主要控制项目应包括掺外加剂混凝土性能和外加剂匀质性两个方面，混凝土性能方面的主要控制项目应包括减水率、凝结时间差和抗压强度比，外加剂匀质性方面的主要控制项目应包括 pH 值、氯离子含量和碱含量；引气剂和引气减水剂主要控制项目还应包括含气量；防冻剂主要控制项目还应包括含气量和 50 次冻融强度损失率比。

外加剂的应用除应符合现行国家标准《混凝土外加剂应用技术规范》（GB 50119—2013）的有关规定外，尚应符合下列规定：

（1）在混凝土中掺用外加剂时，外加剂应与水泥具有良好的适应性，其种类和掺量应经试验确定。

（2）高强混凝土宜采用高性能减水剂；有抗冻要求的混凝土宜采用引气剂或引气减水剂；大体积混凝土宜采用缓凝剂或缓凝减水剂；混凝土冬期施工可采用防冻剂。

（3）外加剂中的氯离子含量和碱含量应满足混凝土设计要求。

（4）宜采用液态外加剂。

北京市地方标准《预拌混凝土质量管理规程》（DB11/T 385—2019）中，减水剂、引气剂、泵送剂、早强剂、缓凝剂等应满足 GB 8076 标准要求；防冻剂应符合《混凝土防冻剂》（JC/T 475—2004）标准要求；外加剂进场复试检验项目应符合 GB 50119 的规定。外加剂使用前应按照 GB 50119 的规定进行原材料相容性试验，满足要求后方可使用。不同品种外加剂应分仓存储。不同品种外加剂复合使用时应对其相容性和对混凝土性能的影响进行试验。当不同种类外加剂交替使用时，使用前应清洗搅拌机、罐车、泵车、管道等设备。

（三）技术指标

1. 受检混凝土性能指标

掺外加剂混凝土的性能应符合表 2-21 的要求。

2. 匀质性指标

外加剂的匀质性指标应符合表 2-22 的要求。

（四）取样规定

取样方法按 GB 8076 进行取样，预拌混凝土企业，作为内部质量控制的取样方法，在保证样品具有代表性的前提下，遵循下列原则：

1. 取样数量

每一批号取样量不少于 0.2t 水泥。

2. 试样及留样

每一批号应充分混匀，分为两等份，其中一份按规定项目进行试验，另一份密封保存半年，以备有疑问时，提交国家指定的检验机关进行复检或仲裁。

表2-21　受检混凝土性能指标

项目		高性能减水剂 HPWR 早强型 HPWR-A	标准型 HPWR-S	缓凝型 HPWR-R	高效减水剂 HWR 标准型 HWR-S	缓凝型 HWR-r	普通减水剂 WR 早强型 WR-A	标准型 WR-S	缓凝型 WR-R	引气减水剂 AEWR	泵送剂 PA	早强剂 Ac	缓凝剂 Re	引气剂 AE
减水率(%),不小于		25	25	25	14	14	8	8	8	10	12			6
泌水率比(%),不大于		50	60	70	90	100	95	100	100	70	70	100	100	70
含气量(%)		≤6.0	≤6.0	≤6.0	≤3.0	≤4.5	≤4.0	≤4.0	≤5.5	≥3.0	≤5.5			≥3.0
凝结时间之差(min)	初凝	-90~+90	-90~+120	>+90	-90~+120	>+90	-90~+90	-90~+120	>+90	-90~+120		-90~+90	>+90	-90~+120
	终凝													
1h经时变化量	坍落度(mm)		≤80	≤60							≤80			
	含气量(%)									-1.5~+1.5				-1.5~+1.5
抗压强度比(%),不小于	1d	180	170		140		135					135		
	3d	170	160		130	130	130	115		115		130		95
	7d	145	150	140	125	125	110	115	110	110	115	110	100	95
	28d	130	140	130	120	120	100	110	110	100	110	100	100	90
收缩率比(%),不大于	28d	110	110	110	135	135	135	135	135	135	135	135	135	135
相对耐久性(200次)(%),不小于										80				80

注:1. 抗压强度比、收缩率比、相对耐久性为强制性指标,其余为推荐性指标;
　　2. 除含气量和相对耐久性外,表中所列数据为掺外加剂混凝土与基准混凝土的差值或比值;
　　3. 凝结时间差性能指标中的"一"号表示提前,"+"号表示延缓;
　　4. 相对耐久性(200次)性能指标中的"≥80"表示将28d龄期的受检混凝土试件快速冻融循环200次后,动弹性模量保留值≥80%;
　　5. 1h含气量经时变化量指标中的"一"号表示含气量增加,"+"号表示含气量减少;
　　6. 其他品种的外加剂是否需要测定相对耐久性指标,由供、需双方协商确定;
　　7. 当用户对泵送剂等产品有特殊要求时,需要进行的补充试验项目,试验方法及指标,由供需双方协商决定。

表 2-22 匀质性指标

项目	指标
氯离子含量（%）	不超过生产厂控制值
总碱量（%）	不超过生产厂控制值
含固量（%）	$S>25\%$时，应控制在 $0.95S\sim1.05S$； $S\leqslant25\%$时，应控制在 $0.90S\sim1.10S$
含水率（%）	$W>5\%$时，应控制在 $0.90W\sim1.10W$； $W\leqslant5\%$时，应控制在 $0.80W\sim1.20W$
密度（g/cm³）	$D>1.1$时，应控制在 $D\pm0.03$； $D\leqslant1.1$时，应控制在 $D\pm0.02$
细度	应在生产控制范围内
pH 值	应在生产控制范围内
硫酸钠含量（%）	不超过生产控制值

注：1. 生产厂应在相关的技术资料中明示产品匀质性指标的控制值；

2. 对相同和不同批次之间的匀质性和等效性的其他要求，可由供需双方商定；

3. 表中的 S、W 和 D 分别为含固量、含水率和密度的生产厂控制值。

3. 存储

不同品种的外加剂应分仓存储。液体外加剂应放置于阴凉干燥处，并采取措施防止日晒、雨淋、渗漏。冬期施工应采取措施防止结晶，使用前应搅拌均匀。如有变质、变色等现象，经检验合格后方可使用。

（五）常用外加剂的进场必试项目、验收批和判定规则

1. 常用外加剂的进场必试项目和验收批（GB 50119），见表 2-23

表 2-23 常用外加剂进场必试项目和验收批

	高效减水剂	聚羧酸高性能减水剂	泵送剂	引气剂及引气减水剂
必试项目	5.3.2 高效减水剂进场检验项目应包括：pH值、密度（或细度）、含固量（或含水率）、减水率，缓凝型高效减水剂还应检验凝结时间差	6.3.2 聚羧酸高性能减水剂进场检验项目应包括：pH值、密度（或细度）、含固量（或含水率）、减水率，早强型聚羧酸高性能减水剂应测1d抗压强度比，缓凝型聚羧酸高性能减水剂还应检验凝结时间差	10.4.2 泵送剂进厂检验项目应包括：pH值、密度（或细度）、含固量（或含水率）、减水率和坍落度1h经时变化值	7.4.2 引气剂及引气减水剂进场时，检验项目应包括：pH值、密度（或细度）、含固量（或含水率）、含气量、含气量经时损失、引气减水剂还应检测减水率
验收批	≤50t	≤50t	≤50t	引气剂≤10t 引气减水剂≤50t

2. 判定规则（GB 8076）

1）出厂检验判定

型式检验报告在有效期内，且出厂检验结果符合匀质性指标的要求，可判定为该批产品检验合格。

2）型式检验判定

产品经检验，匀质性检验结果符合 GB 8076 第 5.2 节"表 2 匀质性指标"的要求，各类型外加剂受检混凝土性能指标中，高性能减水剂及泵送剂的减水率和坍落度的经时变化量，其他减水剂的减水率、缓凝型外加剂的凝结时间差、引气型外加剂的含气量及经时变化量、硬化混凝土的各项性能符合 GB 8076 第 5.1 节"表 1 受检混凝土性能指标"的要求，则判定该批号外加剂合格。当不符合上述要求时，则判该批号外加剂不合格。其余项目可作为参考指标。

（六）外加剂检验项目的试验方法及注意事项

1. pH 值

1）试验的目的和意义

pH 值是表征外加剂酸碱的程度。pH 值试验可以判断外加剂的匀质性，并可在一定程度上预判和预控外加剂对混凝土质量的影响。

2）方法提要

根据奈斯特（Nernst）方程，利用一对电极在不同 pH 值溶液中能产生不同电位差，这一对电极由测试电极（玻璃电极）和参比电极（饱和甘汞电极）组成，在 25℃时每相差一个单位 pH 值时产生 59.15mV 的电位差，pH 值可在仪器的刻度表上直接读出。

3）仪器

酸度计、甘汞电极、玻璃电极、复合电极、天平：分度值 0.0001g。

4）测试条件

液体样品直接测试；

粉体样品溶液的浓度为 10g/L；

被测溶液的温度为 20℃±3℃。

5）试验步骤

（1）校正：按仪器的出厂说明书校正仪器。

（2）测量：当仪器校正好后，先用水，再用测试溶液冲洗电极，然后再将电极浸入被测溶液中轻轻摇动试杯，使溶液均匀。待到酸度计的读数稳定 1min，记录读数。测量结束后，用水冲洗电极，以待下次测量。

（3）结果表示：酸度计测出的结果即为溶液的 pH 值。

（4）重复性限和再现性限。

重复性限为 0.2；再现性限为 0.5。

2. 密度

1）试验的目的和意义

密度指标从一定程度上表征了外加剂的有效组分含量，是外加剂进场检验的重要指标之一。当密度变化较大时，可能是外加剂有效组分有较大变化，需要关注生产时混凝土外加剂的掺量，避免出现坍落度损失过大、离析、泌水等质量问题。

密度的测试方法有 3 种，即比重瓶法、液体比重天平法和精密密度计法，常用的有比重瓶法和精密密度计法。

2）比重瓶法

将已校正容积（V）的比重瓶，灌满被测溶液，在 20℃±1℃恒温，在天平上称出其质量。

(1) 测试条件：被测溶液温度为 20℃±1℃；如有沉淀应滤去。

(2) 仪器——比重瓶（25mL 或 50mL）；天平——分度值 0.0001g；干燥器——内盛变色硅胶；超级恒温器或同等条件的恒温设备。

(3) 试验步骤。

① 比重瓶容积的校正。

比重瓶依次用水、乙醇、丙酮和乙醚洗涤并吹干，塞子连瓶一起放入干燥器内，取出，称量比重瓶之质量 m_0，直至恒量。然后将预先煮沸并经冷却的水装入瓶内，塞上塞子，使多余的水分从塞子毛细管流出，用吸水纸吸干瓶外的水。注意不能让吸水纸吸出塞子毛细管里的水，水要保持与毛细管上口相平，立即在天平上称出比重瓶装满水后的质量 m_1。

比重瓶在 20℃时容积 V 按式 (2-26) 计算：

$$V = \frac{m_1 - m_0}{0.9982} \tag{2-26}$$

式中　V——比重瓶在 20℃时的容积（mL）；

m_0——干燥的比重瓶质量（g）；

m_1——比重瓶盛满 20℃水的质量（g）；

0.9982——20℃时纯水的密度（g/mL）。

② 外加剂溶液密度 ρ 的测定。

将已校正 V 值的比重瓶洗净、干燥、灌满被测溶液，塞上塞子后浸入 20℃±1℃ 超级恒温器内，恒温 20min 后取出，用吸水纸吸干瓶外的水及由毛细管溢出的溶液后，在天平上称出比重瓶装满外加剂溶液后的质量 m_2。

结果表示：外加剂溶液的密度 ρ 按式 (2-27)) 计算：

$$\rho = \frac{m_2 - m_0}{V} = \frac{m_2 - m_0}{m_1 - m_0} \times 0.9982 \tag{2-27}$$

式中　ρ——20℃时外加剂溶液密度（g/mL）；

m_2——比重瓶装满 20℃外加剂溶液后的质量（g）。

③ 重复性限和再现性限。

重复性限为 0.001g/mL；再现性限为 0.002g/mL。

3) 精密密度计法

先以波美比重计测出溶液的密度，再参考波美比重计所测的数据，以精密密度计准确测出试样的密度 ρ 值。

(1) 测试条件：被测溶液温度为 20℃±1℃；如有沉淀应滤去。

(2) 仪器：波美比重计；精密密度计；超级恒温器或同等条件的恒温设备。

(3) 试验步骤：

将已恒温的外加剂倒入 500mL 玻璃量筒内，以波美比重计插入溶液中测出该溶液的密度。

参考波美比重计所测溶液的数据，选择这一刻度范围的精密密度计插入溶液中，精确读出溶液凹液面与精密密度计相齐的刻度即为该溶液的密度 ρ。

（4）结果表示。

测得的数据为 20℃时外加剂溶液的密度。

（5）重复性限和再现性限。

重复性限为 0.001g/mL；再现性限为 0.002g/mL。

3. 含固量

1）试验的目的和意义

含固量是指液体外加剂中固体物质的含量。含固量的大小取决于外加剂中的有效组分，含固量变化对混凝土性能的影响与密度相似。

2）方法提要

将已恒量的称量瓶内放入被测液体试样于一定的温度（100～105℃）下烘至恒量。

3）仪器

天平——分度值 0.0001g；鼓风电热恒温干燥箱——温度范围 0～200℃；带盖称量瓶——65mm×25mm；干燥器——内盛变色硅胶。

4）试验步骤

（1）将洁净带盖称量瓶放入烘箱内，于 100～105℃烘 30min，取出置于干燥器内，冷却 30min 后称量，重复上述步骤直至恒量，其质量为 m_0。

（2）将被测试样装入已经恒量的恒量瓶内，盖上盖称出液体试样及称量瓶的总质量 m_1。液体试样称量：3.0000～5.0000g。

（3）将盛有试样的称量瓶放入烘箱内，开启瓶盖，升温至 100～105℃（特殊品种除外）烘干，盖上盖置于干燥器内冷却 30min 后称量，重复上述步骤直至恒量，其质量为 m_2。

（4）结果表示：

含固量（$X_固$）按式（2-28）计算：

$$X_固 = \frac{m_2 - m_0}{m_1 - m_0} \times 100\%$$ （2-28）

式中　$X_固$——含固量（％）；

　　　m_0——称量瓶的质量（g）；

　　　m_1——称量瓶加液体试样的质量（g）；

　　　m_2——称量瓶加液体试样烘干后的质量（g）。

（5）重复性限和再现性限：

重复性限为 0.30％；再现性限为 0.50％。

5）注意事项

（1）两次平行试验误差应为 0.30％。

（2）称量瓶为带盖称量瓶，尺寸为 65mm×25mm，但要注意直径为 65mm，高度为 25mm，且要注意称量瓶恒量。

4. 减水率及坍落度 1h 经时变化值

1）试验的目的和意义

减水率的大小决定混凝土用水量的大小，同时影响混凝土的强度及新拌混凝土的性能。在保持工作性能不变的前提下，减水率增大可减少用水量，提高混凝土强度；在保持一定强度的前提下，减水率增大可减少单位水泥用量，降低成本。

2）试验用原材料

（1）水泥。

基准水泥是检验混凝土外加剂性能的专用水泥，是由符合下列品质指标的硅酸盐水泥熟料与二水石膏共同粉磨而成的 42.5 强度等级的 P·Ⅰ型硅酸盐水泥。

品质指标：（除满足 42.5 强度等级硅酸盐水泥技术要求外）。

熟料中铝酸三钙（C_3A）含量 6%～8%。

熟料中硅酸三钙（C_3S）含量 55%～60%。

熟料中游离氧化钙（f-CaO）含量不得超过 1.2%。

水泥中碱（$Na_2O+0.658K_2O$）含量不得超过 1.0%。

水泥比表面积 350m^2/kg±10m^2/kg。

（2）砂：符合 GB/T 14684 中Ⅱ区要求的中砂，但细度模数为 2.6～2.9，含泥量小于 1%。

（3）石子：符合 GB/T 14685 要求的公称粒径 5～20mm 的碎石或卵石，采用二级配，其中 5～10mm 占 40%，10～20mm 占 60%，满足连续级配要求，针片状物质含量小于 10%，空隙率小于 47%，含泥量小于 0.5%。如有争议，以碎石结果为准。

（4）水：符合《混凝土用水标准》（JGJ 63—2006）的技术要求。

（5）外加剂：需要检测的外加剂。

3）配合比

基准混凝土配合比按《普通混凝土配合比设计规程》（JGJ 55—2011）进行设计。掺非引气型外加剂的受检混凝土和其对应的基准混凝土的水泥、砂、石的比例相同。配合比设计符合以下规定。

（1）水泥用量：掺高性能减水剂或泵送剂的基准混凝土和受检混凝土的单位水泥用量为 360kg/m^3；掺其他外加剂的单位水泥用量为 330kg/m^3。

（2）砂率：掺高性能减水剂或泵送剂的基准混凝土和受检混凝土的砂率均为 43%～47%。掺其他外加剂为 36%～40%。引气剂或引气减水剂：受检混凝土砂率应比基准混凝土砂率低 1%～3%。

（3）外加剂掺量按厂家指定掺量。

（4）用水量：掺高性能减水剂或泵送剂的基准混凝土和受检混凝土的坍落度控制在 210mm±10mm，用水量为坍落度在 210mm±10mm 时的最小用水量；掺其他外加剂的基准混凝土和受检混凝土的坍落度控制在 80mm±10mm。

注：用水量包括液体外加剂、砂、石材料中所含的水量。

4）混凝土搅拌

（1）采用符合《混凝土试验用搅拌机》（JG 244—2009）要求的公称容量为 60L 的单卧轴式强制搅拌机。搅拌机的拌和量应不少于 20L，不宜大于 45L。

（2）当外加剂为粉状时，将水泥、砂、石、外加剂一次投入搅拌机，干拌均匀，再加入拌和水，一起搅拌 2min。当外加剂为液体时，将水泥、砂、石一次加入搅拌机，干拌均匀，再加入掺有外加剂的拌和水一起搅拌 2min。

（3）出料后，在铁板上用人工翻拌至均匀，再行试验。各种混凝土试验材料及环境温度均应保持在 20℃±3℃。

5）试件的制作及试验所需试件数量

混凝土试件制作及养护按《普通混凝土拌合物性能试验方法标准》（GB/T 50080—2016）进行，但混凝土预养温度为 20℃±3℃。

（1）在试验室制备混凝土拌和物时，试验温度应保持在 20℃±3℃，所用材料的温度应与试验室温度保持一致。

注：当需要模拟施工条件下所用的混凝土时，所用原材料的温度宜与施工现场保持一致。

（2）在试验室拌和混凝土时，材料用量应以质量计。骨料的称量精度应为±0.5%；水、水泥、掺和料、外加剂的称量精度均应为±0.2%。混凝土拌和物应采用搅拌机搅拌，搅拌前应将搅拌机冲洗干净，并预拌少量同种混凝土拌和物或水胶比相同的砂浆，搅拌机内壁挂浆后将剩余料卸出。

（3）称好的粗骨料、胶凝材料、细骨料和水应依次加入搅拌机，难溶和不溶的粉状外加剂宜与胶凝材料同时加入搅拌机，液体和可溶外加剂宜与拌和水同时加入搅拌机。

（4）混凝土拌和物宜搅拌 2min 以上，直至搅拌均匀。

（5）混凝土拌和物依次搅拌量不宜少于搅拌机公称容量的 1/4，不应大于搅拌机公称容量，且不应少于 20L。

（6）从试样制备完毕到开始做各项性能试验不宜超过 5min。

6）试验项目及数量见表 2-24

表 2-24　试验项目及所需数量

试验项目		外加剂类别	试验类别	试验所需数量			
				混凝土拌和批数	每批取样数目	基准混凝土总取样数目	受检混凝土总取样数目
减水率		除早强剂、缓凝剂外的各种外加剂	混凝土拌和物	3	1次	3次	3次
泌水率比		各种外加剂			1个	3个	3个
含气量							
凝结时间差							
1h经时变化量	坍落度	高性能减水剂、泵送剂					
	含气量	引气剂、引气减水剂					
抗压强度比		各种外加剂	硬化混凝土	3	6、9或12块	18、27或36块	18、27或36块
收缩率比					1条	3条	3条
相对耐久性		引气剂、引气减水剂					

注：1. 在试验时，检测同一外加剂的3批混凝土的制作宜在一周内的不同日期完成，对比的基准混凝土和受检混凝土应同时成型；
2. 试验前后应仔细观察试样，对有明显缺陷的试样和试验结果都应舍除。

7）试验过程

（1）坍落度测定。

混凝土坍落度按照 GB/T 50080 测定；但坍落度为 210mm±10mm 的混凝土，分两层装料，每层装入高度为筒高的一半，每层用插捣棒插捣 15 次。

（2）坍落度 1h 经时变化量测定。

在测量 1h 经时变化量时，应将搅拌好的混凝土留下足够一次混凝土坍落度的试验数量，并装入用湿布擦过的试样筒内，容器加盖，静置至 1h（从加水搅拌时开始计算），然后倒出，在铁板上用铁锹翻拌至均匀后，再按照坍落度测定方法测定坍落度。计算出机时和 1h 之后的坍落度之差值，即得到坍落度的经时变化量。

坍落度 1h 经时变化量按式（2-29）计算：

$$\Delta Sl = Sl_0 - Sl_{1h} \tag{2-29}$$

式中 ΔSl——坍落度经时变化量（mm）；

　　Sl_0——出机时测得的坍落度（mm）；

　　Sl_{1h}——1h 后测得的坍落度（mm）。

每批混凝土取一个试样。坍落度和坍落度 1h 经时变化量均以 3 次试验结果的平均值表示。3 次试验的最大值和最小值与中间值之差有一个超过 10mm 时，将最大值和最小值一并舍去，取中间值作为该批的试验结果；最大值和最小值与中间值之差均超过10mm 时，则应重做。

坍落度及坍落度 1 小时经时变化量测定值以 mm 表示，结果表达修约到 5mm。

（3）混凝土减水率。

减水率为坍落度基本相同时，基准混凝土和受检混凝土单位用水量之差与基准混凝土单位用水量之比。减水率按下式计算，应精确到 0.1%。

减水率按式（2-30）计算：

$$W_R = \frac{W_0 - W_1}{W_0} \times 100 \tag{2-30}$$

式中 W_R——减水率（%）；

　　W_0——基准混凝土单位用水量（kg/m³）；

　　W_1——受检混凝土单位用水量（kg/m³）。

W_R 以 3 批试验的算术平均值计，精确到 1%。若 3 批试验的最大值或最小值中有一个与中间值之差超过中间值的 15% 时，则把最大值与最小值一并舍去，取中间值作为该组试验的减水率。若有两个测值与中间值之差均超过 15% 时，则该批试验结果无效，应该重做。

5. 凝结时间差的测定

1）凝结时间差计算

凝结时间差按式（2-31）计算：

$$\Delta T = T_t - T_c \tag{2-31}$$

式中 ΔT——凝结时间之差（min）；

　　T_t——受检混凝土的初凝或终凝时间（min）；

　　T_c——基准混凝土的初凝或终凝时间（min）。

2）凝结时间测定方法

凝结时间采用贯入阻力仪测定，仪器精度为 10N。

将混凝土拌和物用 5mm（圆孔筛）振动筛筛出砂浆，拌匀后装入上口内径为 160mm，下口内径为 150mm，净高 150mm 的刚性不渗水的金属圆筒，试样表面应略低于筒口约 10mm，用振动台振实，约 3～5s，置于 20℃±2℃的环境中，容器加盖。一般基准混凝土在成型后 3～4h，掺早强剂的在成型后 1～2h，掺缓凝剂的在成型后 4～6h 开始测定，以后每 0.5h 或 1h 测定一次，但在临近初、终凝时，可以缩短测定间隔时间。每次测点应避开前一次测孔，其净距为试针直径的 2 倍，但至少不小于 15mm，试针与容器边缘之距离不小于 25mm。测定初凝时间用截面面积为 100mm² 的试针，测定终凝时间用 20mm² 的试针。

在进行测试时，将砂浆试样筒置于贯入阻力仪上，测针端部与砂浆表面接触，然后在 10s±2s 内均匀地使测针贯入砂浆 25mm±2mm 深度。记录贯入阻力，精确至 10N，记录测量时间，精确至 1min。贯入阻力按式（2-32）计算，精确到 0.1MPa。

$$R = \frac{P}{A} \tag{2-32}$$

式中 R——贯入阻力值（MPa）；

$\quad\quad P$——贯入深度达 25mm 时所需的净压力（N）；

$\quad\quad A$——贯入阻力仪试针的截面面积（mm²）。

根据计算结果，以贯入阻力值为纵坐标，测试时间为横坐标，绘制贯入阻力值与时间关系曲线，求出贯入阻力值达 3.5 MPa 时，对应的时间作为初凝时间；贯入阻力值达 28 MPa 时，对应的时间作为终凝时间。从水泥与水接触时开始计算凝结时间。

在进行试验时，每批混凝土拌和物取一个试样，凝结时间取 3 个试样的平均值。若 3 批试验的最大值或最小值之中有一个与中间值之差超过 30min，把最大值与最小值一并舍去，取中间值作为该组试验的凝结时间。若两测值与中间值之差均超过 30min 试验结果无效，则应重做。凝结时间以 min 表示，并修约到 5min。

3）注意事项

（1）试验所用石子为 5～20mm 的碎石或卵石，采用二级配，其中 5～10mm 占 40%，10～20mm 占 60%；

（2）坍落度为 210mm±10mm 时应分两层装料测试。

6. 含气量和含气量 1h 经时变化量的测定

1）试验的目的和意义

含气量使新拌混凝土具有了更好的工作性能，同时不容易离析或泌水。含气量的大小影响混凝土的抗压强度，含气量增大强度相对降低。含气量增加 1%，抗压强度下降约 4%～6%，抗折强度下降约 2%～3%。合适的含气量可改善混凝土的抗冻融性能，提高混凝土的抗渗性。但含气量过高，增大干缩，降低弹性模量，同时极限拉伸应变值比普通混凝土有所增大。

在进行试验时，从每批混凝土拌和物取一个试样，含气量以 3 个试样测值的算术平均值来表示。当 3 个试样中的最大值或最小值中有一个与中间值之差超过 0.5% 时，将最大值与最小值一并舍去，取中间值作为该批的试验结果；如果最大值与最小值与中间值之差均超过 0.5%，则应重做。含气量和 1h 经时变化量测定值精确到 0.1%。

2）含气量测定

按 GB/T 50080 用气水混合式含气量测定仪，并按仪器说明进行操作，但混凝土拌和物应一次装满并稍高于容器，用振动台振实 15～20s。

3）含气量 1h 经时变化量测定

当要求测定此项时，将搅拌好的混凝土留下足够一次含气量试验的数量，并装入用湿布擦过的试样筒内，容器加盖，静置至 1h（从加水搅拌时开始计算），然后倒出，在铁板上用铁锹翻拌均匀后，再按照含气量测定方法测定含气量。计算出机时和 1h 之后的含气量之差值，即得到含气量的经时变化量。含气量 1h 经时变化量按式（2-33）计算：

$$\Delta A = A_0 - A_{1h} \tag{2-33}$$

式中　ΔA——含气量经时变化量（%）；

A_0——出机后测得的含气量（%）；

A_{1h}——1 小时后测得的含气量（%）。

4）注意事项

（1）含气量试验应对骨料含气量进行校正；

（2）含气量经时变化不宜超过 1%。

搅拌站应重点控制混凝土的含气量经时损失，通过检测混凝土的出机含气量、到场含气量、浇筑前含气量等指标，掌握混凝土的含气量损失情况，以确定混凝土的出站含气量控制指标。对于抗冻融混凝土，其关键指标为结构实体的含气量，目前标准中没有明确规定技术指标和测定方法，通常可以通过两种方法推断结构实体的含气量：其一是通过测定早期拌和物的含气量控制值进行推断；其二是通过检测试块含气量进行推断。选择优质引气剂是保证结构混凝土抗冻性能的关键因素[1]。

7. 抗压强度比测定

1）试验的目的和意义

随着减水率增大，混凝土抗压强度也越大。抗压强度比越高，说明外加剂对强度贡献越大。在保持相同水泥用量和相同坍落度情况下，掺加减水剂可以提高混凝土强度。

2）试验过程

抗压强度比以掺外加剂混凝土与基准混凝土同龄期抗压强度之比表示，按式（2-34）计算，精确到 1%。

$$R_f = \frac{f_t}{f_c} \times 100 \tag{2-34}$$

式中　R_f——抗压强度比（%）；

f_t——受检混凝土的抗压强度（MPa）；

f_c——基准混凝土的抗压强度（MPa）。

受检混凝土与基准混凝土的抗压强度按照《混凝土物理力学性能试验方法标准》（GB/T 50081—2019）进行试验和计算。在进行试件制作时，用振动台振动 15～20s。试件预养温度为 20℃±3℃。试验结果以 3 批试验测值的平均值表示，若 3 批试验中有一批的最大值或最小值与中间值的差值超过中间值的 15%，则把最大值与最小值一并舍去，取中间值作为该批的试验结果，如有两批测值与中间值的差均超过中间值的15％，则试验结果无效，应该重做。

　　3）注意事项

　　（1）试验时，检验同一种外加剂的 3 批混凝土的制作宜在开始试验一周内的不同日期完成。对比的基准混凝土和受检混凝土应同时成型。

　　（2）试验龄期参考 GB 8076"表 1 受检混凝土性能指标"试验项目栏。

四、混凝土防冻剂

　　混凝土防冻剂指能使混凝土在负温下硬化，并在规定时间内达到预期足够防冻强度的外加剂。由于我国的地域特点，防冻剂在西北、华北、东北地区有着广泛的应用。

　　预拌混凝土用防冻剂多为复合型防冻剂，一般由防冻组分、减水组分、早强组分及引气组分 4 种主要成分构成，每种成分所起的作用不同，它们相互配合，取得了比单一防冻剂成分更好的防冻效果。其中，减水组分的作用是减少混凝土拌和物的用水量，从而减少了受冻时的含冰量，并能使冰晶颗粒细小、分散，降低破坏应力；防冻组分可以使混凝土中的液相在规定的负温条件下不冻结或减轻冻结，使混凝土中保持较多的液相量，为负温下水泥的水化反应创造了必要的条件；早强组分可加速水泥矿物成分的水化反应，提高早期强度，使混凝土尽快具有规定的抗冻临界强度；引气组分则可提高混凝土的耐久性，缓冲冻胀压力。

（一）防冻剂使用要求

　　北京市地方标准《混凝土外加剂应用技术规程》（DB11/T 1314—2015）中规定：防冻剂应按现行行业标准 JC 475 进行检验；防冻泵送剂应按现行行业标准《混凝土防冻泵送剂》（JG/T 377—2012）进行检验。

　　《混凝土结构通用规范》（GB 55008—2021）中规定：氯盐类防冻剂不应用于预应力混凝土、钢筋混凝土和钢纤维混凝土结构；含有硝酸铵、碳酸铵、尿素的防冻剂不应用于民用建筑工程；含有亚硝酸盐、碳酸盐的防冻剂不应用于预应力混凝土结构。

　　北京市地方标准 DB11/T 1314 中规定：防冻剂可采用无氯盐类、有机化合物类及复合型防冻剂品种。

　　防冻剂使用注意事项：

　　（1）当室外日平均气温连续 5d 稳定低于 5℃时，或者最低气温降到 0℃及以下时，混凝土进入冬期施工，开始使用防冻剂。

　　（2）混凝土拌和物中冰点的降低与防冻剂的液相浓度有关，因此气温越低，防冻剂的掺量应适当增大。

　　（3）防冻剂的品种、掺量应以混凝土浇筑后 5d 内的预计日最低气温选用。在日最低气温为 −5℃～ −10℃、−10℃～ −15℃、−15℃～ −20℃时，应分别选用规定温度为 −5℃、−10℃、−15℃的防冻剂。

　　（4）在混凝土中掺用防冻剂的同时，还应注意原材料的选择及养护措施。在负温条件下养护不得浇水，外露表面应覆盖等。

　　（5）掺防冻剂混凝土拌和物的入模温度不应低于 5℃。

　　（6）掺防冻剂混凝土的生产、运输、施工及养护，应符合《建筑工程冬期施工规程》(JGJ/T 104—2011) 的有关规定。

(二) 防冻剂的定义、分类

1. 定义

防冻剂是指能使混凝土在负温下硬化,并在规定养护条件下达到预期性能的外加剂。

2. 分类

防冻剂按其成分可分为强电解质无机盐类(氯盐类、氯盐阻锈类、无氯盐类)、水溶性有机化合物类、有机化合物与无机盐复合类、复合型防冻剂。

氯盐类:以氯盐(如氯化钠、氯化钙等)为防冻组分的外加剂。

氯盐阻锈类:含有阻锈组分,并以氯盐为防冻组分的外加剂。

无氯盐类:氯离子≤0.1%;以亚硝酸盐、硝酸盐等无机盐为防冻组分的外加剂。

有机化合物类:以某些醇类、尿素等有机化合物为防冻组分的外加剂。

复合型防冻剂:以防冻组分复合早强、引气、减水等组分的外加剂。

防冻剂按产品性能指标分为:一等品、合格品。

按使用环境分为:规定温度为−5℃、−10℃、−15℃的混凝土防冻剂。按标准规定温度检测合格的防冻剂,可在比规定温度低5℃的条件下使用。

3. 相关术语

基准混凝土:按照本标准规定的试验条件配制不掺防冻剂的标准条件下养护的混凝土。

受检标养混凝土:按照本标准规定的试验条件配制掺防冻剂的标准条件下养护的混凝土。

受检负温混凝土:按照本标准规定的试验条件配制掺防冻剂并按规定条件养护的混凝土。

规定温度:受检混凝土在负温养护时的温度,该温度允许波动范围为±2℃,本标准的规定温度分别为−5℃、−10℃、−15℃。

(三) 技术指标

1. 防冻剂的匀质性要求见表 2-25。

表 2-25 防冻剂匀质性指标

试验项目	指标
固体含量(%)	液体防冻剂: $S≥20\%$ 时,$0.95S≤X<1.05S$; $S<20\%$ 时,$0.90S≤X<1.10S$; S 是生产厂提供的固体含量(质量%),X 是测试的固体含量(质量%)
含水率(%)	粉状防冻剂: $W≥5\%$ 时,$0.90W≤X<1.10W$; $S<5\%$ 时,$0.80W≤X<1.20W$; W 是生产厂提供的含水率(质量%),X 是测试的含水率(质量%)

试验项目	指标
密度	液体防冻剂： $D>1.1$ 时，应控制在 $D\pm0.03$； $D\leqslant1.1$ 时，应控制在 $D\pm0.02$； D 是厂家提供的密度值
氯离子含量（％）	无氯盐防冻剂：$\leqslant0.1\%$（质量百分比）
	其他防冻剂：不超过生产厂控值
碱含量（％）	不超过生产厂提供的最大值
水泥净浆流动度（mm）	应不小于生产厂控值的 95％
细度（％）	粉状防冻剂细度不超过生产厂提供的最大值

2. 掺防冻剂混凝土性能要求见表 2-26。

表 2-26　掺防冻剂混凝土性能

试验项目	性能指标					
	一等品			合格品		
减水率（％）≥	10					
泌水率比（％）≤	80			100		
含气量（％）≥	2.5			2.0		
凝结时间差（min）初凝	−150～+150			−210～+210		
终凝						
抗压强度比（％）≥ 规定温度（℃）	−5	−10	−15	−5	−10	−15
R_7	20	12	10	20	10	8
R_{28}	100		95	95		90
R_{-7+28}	95	90	85	90	85	80
R_{-7+56}	100			100		
28d 收缩比（％）≤	135					
渗透高度比（％）≤	100					
50 次冻融强度损失率比（％）≤	100					

3. 含有氨或氨基类的防冻剂释放氨量应符合《混凝土外加剂中释放氨的限量》（GB 18588—2001）规定的限值。

（四）取样规定

取样方法按 JC/T 475 进行取样，预拌混凝土企业，作为内部质量控制的取样方法，在保证样品具有代表性的前提下，遵循下列原则：

（1）取样数量：每一批号取样量不少于 0.2t 胶凝材料所需用的外加剂量。

（2）试样及留样：每一批号应充分混匀，分为两等份，其中一份按规定项目进行试验，另一份密封保存半年，以备有疑问时，提交国家指定的检验机关进行复检或仲裁。

（五）必试项目和验收批

1. 进场检验项目

GB 50119 中防冻剂进场检验项目应包括密度（或细度）、含固量（或含水率）、含气量、碱含量、氯离子含量，复合类防冻剂还应检测减水率。

2. 检验批次：≤100t

3. 检验规则

1）出厂检验

出厂检验项目包括固体含量、密度、含水量（粉体）、氯离子含量、水泥净浆流动度、细度（粉体）。

2）型式检验

型式检验项目包括匀质性试验项目和掺防冻剂混凝土性能试验项目。包括减水率、泌水率比、含气量、凝结时间差、抗压强度比、28d 收缩率比、渗透高度比、50 次冻融强度损失率比等。

有下列情况之一者，应进行型式检验：

（1）新产品或老产品转厂生产的试制定型鉴定；

（2）正式生产后，如成分、材料、工艺有较大改变，可能影响产品性能时；

（3）正常生产时，一年至少进行一次检验；

（4）产品长期停产，恢复生产时；

（5）出厂检验结果和上次型式检验结果有较大差异时；

（6）国家质量监督机构提出型式检验要求时。

3）判定规则

产品经检验，混凝拌和物的含气量、硬化混凝土性能（抗压强度比、收缩率比、抗渗高度比、50 次冻融强度损失率比）、钢筋锈蚀全部符合本标准表 2（掺防冻剂混凝土性能要求）的要求，出厂检验结果符合 JC/T 475—2004 "表 1 防冻剂匀质性指标"的要求，则可判定为相应等级的产品。否则判为不合格品。

4）复验

复验以封存样进行。如果使用单位要求用现场样时，可在生产和使用单位人员在场的情况下现场取平均样，但应事先在供货合同中规定。复验按照型式检验项目检验。

5）产品说明书（3C 认证）

产品出厂时应提供产品说明书和产品检验合格证，产品说明书至少应包括下列内容：

生产厂名称、产品名称及类型、主要防冻组分及碱含量、适用范围、规定温度、掺量、禁用场合、贮存条件、有效期、使用方法及注意事项等。有效期从生产日期算起，企业根据产品性能自行规定。

（六）必试项目试验方法

1. 密度（或细度）

1）试验方法

同混凝土外加剂密度试验方法 GB 8076。

2）细度

（1）方法提要

采用孔径为 0.315mm 的试验筛，称取烘干试样倒入筛内，用人工筛样，称量筛余物质量，计算出筛余物的百分含量。

（2）仪器

天平：分度值 0.001g；

试验筛：采用孔径为 0.315mm 的钢铜丝网筛布，筛框有效直径 150mm、高 50mm。筛布应紧绷在筛框上，接缝应严密，并附有筛盖。

（3）试验步骤

外加剂试样应充分拌匀并经 100～105℃（特殊品种除外）烘干，称取烘干试样 10g，称准至 0.001g 倒入筛内，用人工筛样，将近筛完时，应一手执筛往复摇动，一手拍打，摇动速度每分钟约 120 次。其间，筛子应向一定方向旋转数次，使试样分散在筛布上，直至每分钟通过质量不超过 0.005g 时为止。称量筛余物，称准至 0.001g。

（4）结果表示

细度用筛余（％）表示按式（2-35）计算：

$$筛余 = \frac{m_1}{m_0} \times 100 \tag{2-35}$$

式中 m_1——筛余物质量（g）；

m_0——试样质量（g）。

（5）重复性限和再现性限

重复性限为 0.40％；再现性限为 0.60％。

2. 含固量（或含水率）

1）含固量

试验方法同混凝土外加剂含固量试验方法。

2）含水率（JC/T 475 附录 A）

（1）仪器

分析天平（称量 200g，分度值 0.1mg）；

鼓风电热恒温干燥箱；

带盖称量瓶（$\phi25mm \times 65mm$）；

干燥器：内盛变色硅胶。

（2）试验步骤

① 将洁净带盖的称量瓶放入烘箱内，于 105～110℃烘 30min。取出置于干燥器内，冷却 30min 后称量，重复上述步骤至恒量（两次称量的质量差小于 0.3mg），称其质量为 m_0。

② 称取防冻剂试样 10g±0.2g，装入已烘干至恒重的称量瓶内，盖上盖，称出试样及称量瓶总质量为 m_1。

③ 将盛有试样的称量瓶放入烘箱中，开启瓶盖，升温至 105～110℃，恒温 2h 取出，盖上盖，置于干燥器内，冷却 30min 后称量，重复上述步骤至恒量，其质量为 m_2。

（3）结果计算与评定

含水率按式（2-36）计算：

$$X_{H_2O} = \frac{m_1 - m_2}{m_2 - m_0} \times 100 \qquad (2\text{-}36)$$

式中　X_{H_2O}——含水率（%）；

m_0——称量瓶的质量（g）；

m_1——称量瓶加干燥前试样质量（g）

m_2——称量瓶加干燥后试样质量（g）。

含水率试验结果以 3 个试样测试数据的算术平均值表示，精确至 0.1%。

3. 碱含量

试验的目的和意义：防冻剂碱含量的大小影响混凝土的碱含量，混凝土碱含量高会增加混凝土碱骨料反应风险，且碱性太高易与环境中的硫酸盐类物质反应，使混凝土丧失强度和黏结力。

碱含量试验有火焰光度法、原子吸收光谱法。

（1）火焰光度法详见 GB/T 8077 第 15.1 节。

（2）原子吸收光谱法详见 GB/T 176 中第 34 章。

4. 氯离子含量

试验的目的和意义：混凝土中氯离子的存在是导致钢筋锈蚀的重要原因。氯离子含量过高直接危及混凝土结构的安全性，氯离子含量高易导致钢筋锈蚀，钢筋锈蚀后，锈蚀生成物的体积膨胀，导致混凝土保护层顺筋开裂，混凝土自身免疫性大幅降低，品质迅速劣化[4]。氯离子含量检测可以有效避免防冻剂中掺加氯盐防冻组分的情况，确保防冻剂不带入过量的氯离子。

氯离子的测定有电位滴定法和离子色谱法。

（1）电位滴定法详见 GB/T 8077 第 11.1 节；

（2）离子色谱法详见 GB/T 8077 第 11.2 节。

5. 减水率

防冻剂混凝土拌和物性能和硬化混凝土性能试验所用材料、配合比及搅拌按 GB 8076 的规定进行，混凝土坍落度为 80mm±10mm。

1）各试验项目及试件数量见表 2-27

表 2-27　试验项目及试件数量

试验项目	试验类别	混凝土拌和批数	每批取样数目	掺防冻剂混凝土总取样数目	基准混凝土总取样数目
减水率 泌水率比 含气量 凝结时间差	混凝土拌和物	3	1 次	3 次	3 次
抗压强度比 收缩率比 抗渗高度比	硬化混凝土		12/3 块ª	36 块	9 块
			1 块	3 块	3 块
			2 块	6 块	6 块
50 次冻融强度损失率比		1	6 块	6 块	6 块
钢筋锈蚀	新拌或硬化砂浆	3	1	3 块	—

a 为受检混凝土 12 块，基准混凝土 3 块。

2）原材料

水泥：基准水泥是检验混凝土外加剂性能的专用水泥，是由符合下列品质指标的硅酸盐水泥熟料与二水石膏共同粉磨而成的 42.5 强度等级的 P·I 型硅酸盐水泥。

品质指标：（除满足 42.5 强度等级硅酸盐水泥技术要求外）。

熟料中铝酸三钙（C3A）含量 6%～8%。

熟料中硅酸三钙（C3S）含量 55%～60%。

熟料中游离氧化钙（f-CaO）含量不得超过 1.2%。

水泥中碱（$Na_2O+0.658K_2O$）含量不得超过 1.0%。

水泥比表面积 350m²/kg±10m²/kg。

砂：符合 GB/T 14684 中 II 区要求的中砂，但细度模数为 2.6～2.9，含泥量小于 1%。

石子：符合 GB/T 14685 要求的公称粒径 5～20mm 的碎石或卵石，采用二级配，其中 5～10mm 占 40%，10～20mm 占 60%，满足连续级配要求，针片状物质含量小于 10%，空隙率小于 47%，含泥量小于 0.5%。如有争议，以碎石结果为准。

水：符合 JGJ 63 混凝土拌和用水的技术要求。

外加剂：需要检测的外加剂。

3）配合比

水泥用量：掺防冻剂的基准混凝土和受检混凝土的单位水泥用量为 330kg/m³。

砂率：36%～40%。

用水量：掺防冻剂的基准混凝土和受检混凝土的坍落度控制在 80mm±10mm，用水量为坍落度在 80mm±10mm 时的最小用水量。

注：用水量包括液体外加剂、砂、石材料中所含的水量。

4）混凝土搅拌

（1）采用符合 JG 244 要求的公称容量为 60L 的单卧轴式强制搅拌机。搅拌机的拌和量应不少于 20L，不宜大于 45L。

（2）当外加剂为粉状时，将水泥、砂、石、外加剂一次投入搅拌机，干拌均匀，再加入拌和水，一起搅拌 2min。当外加剂为液体时，将水泥、砂、石一次加入搅拌机，干拌均匀，再加入掺有外加剂的拌和水一起搅拌 2min。

（3）出料后，在铁板上用人工翻拌至均匀，再行试验。

各种混凝土试验材料及环境温度均应保持在 20℃±3℃。

5）试件的制作及试验所需试件数量

混凝土试件制作及养护按 GB/T 50080 进行，但混凝土预养温度为 20℃±3℃。

（1）在试验室制备混凝土拌和物时，拌和时试验室的温度应保持在 20℃±3℃，所用材料的温度应与试验室温度保持一致。

注：当需要模拟施工条件下所用的混凝土时，所用原材料的温度宜与施工现场保持一致。

（2）试验室拌和混凝土时，材料用量应以质量计。称量精度：骨料为 ±1%；水、水泥、掺和料、外加剂均为 ±0.5%。

（3）混凝土拌和物的制备应符合 JGJ 55 中的有关规定。

（4）从试样制备完毕到开始做各项性能试验不宜超过 5min。

6）试验过程

混凝土减水率：减水率为坍落度基本相同时，基准混凝土和受检混凝土单位用水量之差与基准混凝土单位用水量之比。减水率按式（2-30）计算，应精确到 0.1%。

W_R 以 3 批试验的算术平均值计，精确到 1%。若 3 批试验的最大值或最小值中有一个与中间值之差超过中间值的 15% 时，则把最大值与最小值一并舍去，取中间值作为该组试验的减水率。若有两个测值与中间值之差均超过 15% 时，则该批试验结果无效，应该重做。

6. 含气量和含气量 1h 经时变化量的测定

（1）试验时，从每批混凝土拌和物取一个试样，含气量以 3 个试样测值的算术平均值来表示。当 3 个试样中的最大值或最小值有一个与中间值之差超过 0.5% 时，将最大值和最小值一并舍去，取中间值作为该批的试验结果；如果最大值与最小值与中间值之差均超过 0.5%，则应重新做。含气量和 1h 经时变化量测定值精确至 0.1%。

（2）含气量的测定。

按 GB/T 50080 第 15 章含气量试验，采用气水混合式含气量测定仪，并按仪器说明进行操作，但混凝土拌和物应一次装满并稍高于容器，用振动台振实 15～20s。

（3）含气量 1h 经时变化量测定。

按要求搅拌的混凝土留下足够一次含气量试验的数量，并装入用湿布擦过的试样桶内，容器加盖，静置至 1h（从加水搅拌时开始计算），然后倒出，在铁板上用铁锹翻拌均匀后，再按照含气量测定方法测定含气量，计算出机时和 1h 之后的含气量之差值，即得到含气量的经时变化量。

含气量经时变化量按式（2-37）计算：

$$\Delta A = A_0 - A_{1h} \tag{2-37}$$

式中　ΔA——含气量经时变化量（%）；

　　　A_0——出机后测得的含气量（%）；

　　　A_{1h}——1h 后测得的含气量（%）。

7. 混凝土抗压强度比

1）试件制作

基准混凝土试件和受检混凝土试件应同时制作。混凝土试件制作及养护参照 GB/T 50080 进行，但掺与不掺防冻剂混凝土坍落度为 80mm±10mm，试件制作采用振动台振实，振动时间为 10～15s，掺防冻剂受检混凝土在 20℃±3℃ 环境温度下按表 2-28 规定的时间预养后移入冰箱（或冰室）内并用塑料布覆盖试件，其环境温度应于 3～4h 内均匀地降至规定温度，养护 7d 后（从成型加水时间算起）脱模，放置在 20℃±3℃ 环境温度下解冻，解冻时间按表 2-28 的规定。解冻后进行抗压强度试验或转标准养护。

表 2-28　不同规定温度下混凝土试件的预养和解冻时间

防冻剂的规定温度（℃）	预养时间（h）	M（℃·h）	解冻时间（h）
-5	6	180	6
-10	5	150	5
-15	4	120	4

注：试件预养时间也可按 $M = \sum (T+10) \Delta t$ 来控制。式中：M 为度时积，T 为温度，Δt 为温度 T 的持续时间。

2）抗压强度比

以受检标养混凝土、受检负温混凝土与基准混凝土在不同条件下的抗压强度之比来表示：

$$R_{28} = \frac{f_{CA}}{f_C} \times 100 \tag{2-38}$$

$$R_{-7} = \frac{f_{AT}}{f_C} \times 100 \tag{2-39}$$

$$R_{-7+28} = \frac{f_{AT}}{f_C} \times 100 \tag{2-40}$$

$$R_{-7+56} = \frac{f_{AT}}{f_C} \times 100 \tag{2-41}$$

式中　R_{28}——受检标养混凝土与基准混凝土标养 28d 的抗压强度比（%）；

f_{CA}——受检标养混凝土 28d 的抗压强度（MPa）；

f_C——基准混凝土标养 28d 的抗压强度（MPa）；

R_{-7}——受检负温混凝土负温养护 7d 的抗压强度与基准混凝土标养 28d 抗压强度之比（%）；

f_{AT}——不同龄期（R_{-7}、R_{-7+28}、R_{-7+56}）的受检混凝土的抗压强度（MPa）；

R_{-7+28}——受检负温混凝土在规定温度下负温养护 7d 再转标准养护 28d 抗压强度与基准混凝土标养 28d 抗压强度之比（%）；

R_{-7+56}——受检负温混凝土在规定温度下负温养护 7d 再转标准养护 56d 抗压强度与基准混凝土标养 28d 抗压强度之比（%）。

受检混凝土与基准混凝土每组 3 块试样，强度数据取值原则同 GB/T 50081 规定。受检混凝土和基准混凝土以 3 组试验结果强度的平均值计算抗压强度比，结果精确到 1%。

五、《混凝土膨胀剂》（GB/T 23439—2017）

膨胀剂可在混凝土中产生适量膨胀来抵抗干缩和冷缩，改善混凝土的孔结构，以避免或减少裂缝的危害。需要特别注意的是，自由膨胀不能产生自应力，膨胀剂需要在限制条件下使用，离开限制谈膨胀是没有意义的。这是因为混凝土产生的膨胀只有在限制作用下，才能在混凝土内部产生预压应力，改变结构的应力状态，达到补偿收缩和防裂的效果[4]。

混凝土在凝结的过程中会发生收缩，如果是整体浇注的梁板（底板）一般是不需要加膨胀剂的，但是在后浇带或者修补孔洞时，由于新老混凝土的收缩程度不同，容易在施工缝处产生裂缝，因此需要添加膨胀剂。现在使用较多的场合是超长结构混凝土、高等级防水混凝土和适当延长伸缩缝或后浇带间距。用于建筑物、水槽、贮水池、路面、桥面板、地下工程等的防渗抗裂。自应力混凝土用于构件和制品的生产，是为了提高抗裂强度和抗裂缝承载能力。

（一）定义、分类

1. 定义

与水泥、水拌和后经水化反应生成钙矾石、氢氧化钙或钙矾石和氢氧化钙，使混凝土产生体积膨胀的外加剂。

2. 分类

硫铝酸钙类膨胀剂：与水泥、水拌和后经水化反应生成钙矾石的混凝土膨胀剂。

氧化钙类膨胀剂：与水泥、水拌和后经水化反应生成氢氧化钙的混凝土膨胀剂。

硫铝酸钙-氧化钙类膨胀剂：与水泥、水拌和后经水化反应生成钙矾石和氢氧化钙的混凝土膨胀剂。

（二）技术指标

1. 化学成分

氧化镁：混凝土膨胀剂中的氧化镁含量应不大于 5%。

碱含量（选择性指标）：

混凝土膨胀剂中的碱含量按 $Na_2O+0.658K_2O$ 计算值表示。当使用活性骨料，用户要求提供低碱混凝土膨胀剂时，混凝土膨胀剂中的碱含量应不大于 0.75%，或由供需双方协商确定。

2. 物理性能（表 2-29）

表 2-29　混凝土膨胀剂性能指标

项目		指标值	
		Ⅰ型	Ⅱ型
细度	比表面积（m²/kg）≥	200	
	1.18mm 筛筛余（%）≤	0.5	
凝结时间	初凝（min）≥	45	
	终凝（min）≤	600	
限制膨胀率（%）	水中 7d ≥	0.035	0.050
	空气中 21d ≥	−0.015	−0.010
抗压强度（MPa）	7d ≥	22.5	
	28d ≥	42.5	

（三）取样规定

取样方法按 GB/T 23439 进行取样，每一检验批取样量不应少于 10kg。每一检验批取样应充分混匀，并应分为两等份：其中一份应按规定的项目进行检验，每检验批检验不得少于两次；另一份应密封留样保存半年，有疑问时，应进行对比检验。

（四）必试项目和验收批及判定规则

1. 验收批

膨胀剂应按每 200t 为一检验批，不足 200t 时也应按一个检验检验批计。

2. 必试项目

膨胀剂进场时检验项目应为水中 7d 限制膨胀率和细度。

3. 出厂检验

出厂检验项目为细度、凝结时间、水中 7d 的限制膨胀率、7d 的抗压强度。

4. 型式检验

型式检验包括化学指标（氧化镁、碱含量）和物理指标（细度、凝结时间、限制膨胀率、抗压强度）的全部项目。有下列情况之一者，应进行型式检验：

（1）正常生产时，每半年至少进行一次检验；

（2）新产品或者产品转厂生产的试制定型鉴定；

（3）正式生产后，如材料、工艺有较大改变，可能影响产品性能时；

（4）产品停产超过 90d，恢复生产时；

（5）出厂检验结果与上次型式检验有较大差异时。

5. 判定规则

1）出厂检验判定

型式检验报告在有效期内，且出厂检验项目结果符合要求，可判定出厂检验合格。

2）型式检验判定

产品性能指标全部符合技术指标规定的全部要求，可判定型式检验合格，否则判定该批号产品不合格。

3）出厂检验报告

出厂检验报告内容应包括出厂检验项目以及合同约定的其他技术要求。

生产者应在产品发出之日起 12d 内寄发除 28d 抗压强度检验结果以外的各项检验结果，32d 内补报 28d 强度检验结果。

（五）必试项目试验方法及注意事项

1. 细度（比表面积、1.18mm 筛筛余）

试验的目的和意义：细度是膨胀剂重要的匀质性指标，大的膨胀剂颗粒会导致混凝土局部膨胀、鼓包，影响工程质量[2]。

1）比表面积

比表面积测定按《水泥比表面积测定方法　勃氏法》（GB/T 8074—2008），试验过程同水泥、矿渣粉相同。

2）1.18mm 筛筛余

1.18mm 筛筛余测定采用《试验筛 技术要求和检验 第 1 部分：金属丝编织网试验筛》（GB/T 6003.1—2022）规定的金属筛，参照《水泥细度检验方法　筛析法》（GB/T 1345—2005）中手工干筛法进行。

手工筛析法：称取试样精确至 0.01g，倒入手工筛内。用一只手持筛往复摇动，另一只手轻轻拍打，往复摇动和拍打过程应保持近于水平。拍打速度每分钟约 120 次，每 40 次向同一方向转动 60°，使试样均匀分布在筛网上，直至每分钟通过的试样量不超过 0.03g 为止，称量全部筛余物。

结果计算与处理：

计算：试样筛余百分数按式（2-42）计算：

$$F=\frac{R_t}{W}\times100 \tag{2-42}$$

式中　F——试样的筛余百分数（%）；

R_t——试样筛余物的质量，单位为克（g）；

W——试样的质量，单位为克（g）。

结果计算至 0.1%。

3）注意事项

膨胀剂的细度指标有两个，分别为比表面积和 1.18mm 筛筛余，两个指标都要做，不能只做一个。

2. 限制膨胀率

1）试验仪器

搅拌机、振动台、试模及下料漏斗、测量仪、纵向限制器。

试验环境条件：

试验室、养护箱、养护水的温度、湿度应符合《水泥胶砂强度检验方法（ISO 法）》（GB/T 17671—2021）的规定。

恒温恒湿（箱）室温度为 20℃±2℃，湿度为 60%±5%。

每日应检查、记录温度、湿度变化情况。

2）试体制备

（1）试验材料。

水泥：采用 GB 8076—2008 规定的基准水泥，因故得不到基准水泥时，允许采用由熟料和二水石膏共同粉磨而成的强度等级为 42.5 的硅酸盐水泥，且熟料中 C_3A 含量 6%~8%，C_3S 含量 55%~60%，游离氧化钙不超过 1.2%，碱（$Na_2O+0.658K_2O$）含量不超过 0.7%，水泥的比表面积 $350m^2/kg±10m^2/kg$。

标准砂：符合 GB/T 17671 要求。

水：符合 JGJ 63 要求。

（2）水泥胶砂配合比。

每成型 3 条试体需称量的材料用量见表 2-30。

表 2-30 限制膨胀率材料用量表

材料	代号	材料质量
水泥（g）	C	607.5±2.0
膨胀剂（g）	E	67.5±0.2
标准砂（g）	S	1350.0±5.0
拌和水（g）	W	270.0±1.0

注：$\frac{E}{C+E}=0.10$；$\frac{S}{C+E}=2.00$；$\frac{W}{C+E}=0.40$。

（3）水泥胶砂搅拌、试体成型。

按 GB/T 17671 规定进行。同一条件有 3 条试体供测长用，试体全长 158mm，其中胶砂部分尺寸为 40mm×40mm×140mm。

（4）试件脱模。

脱模时间按上述规定配合比试体的抗压强度达到 10MPa±2MPa 时的时间确定。

3）试体测长

测量前 3h，将测量仪、标准杆放在标准试验室内，用标准杆校正测量仪并调整千分表零点；

测量前，将试体及测量仪测头擦净；

每次测量时，试体记有标志的一面与测量仪的相对位置应一致，纵向限制器测头与测量仪测头应正确接触，读数应精确至 0.001mm。不同龄期的试体应在规定时间±1h 内测量；

试体脱模后在 1h 内测量初始长度 L；

测完初始长度后立即放入水中养护，测量放入水中第 7d 的长度。然后放入恒温恒湿（箱）室养护，测量放入空气中第 21d 的长度。

也可以根据需要测量不同龄期的长度，观察膨胀收缩变化趋势。

养护时，应注意不损伤试体测头。试体之间应保持 15mm 以上间隔，试体支点距限制钢板两端约 30mm。

4）结果计算

各龄期限制膨胀率按式（2-43）计算：

$$\varepsilon = \frac{L_1 - L}{L_0} \times 100 \tag{2-43}$$

式中　ε——所测龄期的限制膨胀率（%）；

L_1——所测龄期的试体长度测量值（mm）；

L——试体的初始长度测量值（mm）；

L_0——试体的基准长度（mm），取 140mm。

取相近的 2 个试件测定值的平均值作为限制膨胀率的测量结果，计算值精确至 0.001%。

5）注意事项

（1）膨胀剂限制膨胀率试验要特别注意脱模时间，需要达到一定强度范围才可脱模。因此在进行膨胀剂试验时，同时要制作同配合比胶砂试条，当其抗压强度达到 10MPa±2MPa 时方可脱模，并详细记录脱模时间。

（2）膨胀剂限制膨胀率试体脱模后应在 1h 内测量试件的初始长度。测量完初始长度的试体应立即放入水中养护。

3. 凝结时间

按 GB/T 1346 进行，膨胀剂内掺 10%。

4. 抗压强度

按 GB/T 17671—2021 进行。

每成型 3 条试体需称量的材料及用量见表 2-31。

表 2-31　抗压强度材料用量表

材料	代号	材料质量
水泥（g）	C	427.5±2.0
膨胀剂（g）	E	22.5±0.1
标准砂（g）	S	1350.0±5.0
拌和水（g）	W	225.0±1.0

注：$\dfrac{E}{C+E} = 0.05$；$\dfrac{S}{C+E} = 3.00$；$\dfrac{W}{C+E} = 0.50$。

第五节　粉煤灰试验

一、概述

粉煤灰是煤粉经高温燃烧后形成的一种类似火山灰质混合材料。它是燃烧煤的发电厂将煤磨成 $100\mu m$ 以下的煤粉，用预热空气喷入炉膛成悬浮状态燃烧，产生混杂有大量不燃物的高温烟气，经集尘装置收集成的粉体材料即得到了粉煤灰。粉煤灰本身略有或没有水硬胶凝性能，但当以粉状并有水存在时，能在常温特别是在水热处理（蒸汽养护）条件下，与氢氧化钙或其他碱土金属氢氧化物发生化学反应，生成具有水硬胶凝性能的化合物，成为一种增加强度和耐久性的材料。在混凝土中掺加粉煤灰代替部分水泥或细骨料，不仅能降低成本，而且能提高混凝土的和易性，提高不透水、气性、抗硫酸盐性能和耐化学侵蚀性能，降低水化热，改善混凝土的耐高温性能，减轻颗粒分离和析水现象，减少混凝土的收缩和开裂以及抑制杂散电流对混凝土中钢筋的腐蚀[4]。

粉煤灰按煤种和氧化钙含量分为 F 类和 C 类。F 类粉煤灰是由无烟煤或烟煤煅烧收集的粉煤灰，也称低钙粉煤灰；C 类粉煤灰是由褐煤或次烟煤煅烧收集的粉煤灰，其 CaO 含量一般大于 10%，也称高钙粉煤灰。

粉煤灰的结构是在煤粉燃烧和排出过程中形成的，比较复杂。在显微镜下观察，粉煤灰是晶体、玻璃体及少量未燃碳组成的一个复合结构的混合体[1]。

目前，在环保要求越来越高的情况下，电厂全部采用脱硫脱硝工艺，受其影响粉煤灰内含有大量的 NH_4^+，在混凝土的强碱环境下，易挥发出氨气，其挥发速度对混凝土会产生影响，快速挥发对混凝土的质量影响不大，但部分粉煤灰挥发速度较慢，易造成浇筑完成后的混凝土出现发泡现象，对混凝土结构造成较大影响；脱硫工艺是在粉煤灰收集后进行，因此对粉煤灰质量无影响，但电厂有时将脱硫石膏与粉煤灰进行混合处理，如果将这些混合灰用于预拌混凝土，将对混凝土质量产生较大影响。另外，粉煤灰的检测指标包括需水量比、烧失量、细度、颜色等，这些指标存在较大波动性，搅拌站对进场粉煤灰应加强对上述指标的控制。

二、定义、分类

（一）定义

粉煤灰为电厂煤粉炉烟道气体中收集的粉末。

（二）分类

1. 根据燃煤品种分为 F 类和 C 类

F 类粉煤灰——由无烟煤或烟煤煅烧收集的粉煤灰。

C 类粉煤灰——由褐煤或次烟煤煅烧收集的粉煤灰，其氧化钙含量一般大于或等于 10%。

2. 根据用途分类

分为拌制砂浆和混凝土用粉煤灰、水泥活性混合材料用粉煤灰两类。

三、等级

拌制混凝土和砂浆用粉煤灰分为三个等级，分别为Ⅰ级、Ⅱ级、Ⅲ级。水泥活性混合材料用粉煤灰不分级。

《混凝土质量控制标准》（GB 50164—2011）1中2.4.1条、2.4.3规定：用于预拌混凝土中的粉煤灰应满足《用于水泥和混凝土中的粉煤灰》（GB/T 1596—2017）的要求，对于高强混凝土或有抗渗、抗冻、抗腐蚀、耐磨等其他特殊要求的混凝土，不宜采用低于Ⅱ级的粉煤灰。

耐久性设计值大于等于50年的混凝土结构不得采用C类粉煤灰。

四、技术指标

粉煤灰技术指标见表2-32。

表 2-32　粉煤灰技术指标

项目		理化性能要求		
		Ⅰ级	Ⅱ级	Ⅲ级
细度（45μm方孔筛筛余）（%）	F类粉煤灰	≤12.0	≤30.0	≤45.0
	C类粉煤灰			
需水量比（%）	F类粉煤灰	≤95	≤105	≤115
	C类粉煤灰			
烧失量（Loss）（%）	F类粉煤灰	≤5.0	≤8.0	≤10.0
	C类粉煤灰			
含水量（%）	F类粉煤灰	≤1.0		
	C类粉煤灰			
三氧化硫（SO_3）质量分数（%）	F类粉煤灰	≤3.0		
	C类粉煤灰			
游离氧化钙（f-CaO）质量分数（%）	F类粉煤灰	≤1.0		
	C类粉煤灰	≤4.0		
二氧化硅（SiO_2）、三氧化二铝（Al_2O_3）和三氧化二铁（Fe_2O_3）总量分数（%）	F类粉煤灰	≥70.0		
	C类粉煤灰	≥50.0		
密度（g/cm^3）	F类粉煤灰	≤2.6		
	C类粉煤灰			
安定性（雷氏法）（mm）	C类粉煤灰	≤5.0		
强度活性指数（%）	F类粉煤灰	≥70.0		
	C类粉煤灰			

五、取样方法

粉煤灰取样执行水泥取样方法。

六、必试项目和验收批

粉煤灰的必试项目和验收批及判定规则见表 2-33。

表 2-33 不同标准对粉煤灰必试项目和验收批的对比

标准	GB 50666—2011	GB 50164—2011	GB/T 50146—2014	DB11/T 385—2019	DB11/T 1029—2021
必试项目	7.1.3 矿物掺和料细度（比表面积）、需水量比（流动度比）、活性指数（抗压强度比）、烧失量指标进行检验	2.4.2 粉煤灰的主要控制项目应包括细度、需水量比、烧失量和三氧化硫含量，矿物掺和料主控项目还应包括放射性	4.2.3 每批粉煤灰试样应检验细度、含水量、烧失量、需水量比、安定性，需要时应检验三氧化硫、游离氧化钙、碱含量、放射性	4.4.5 矿物掺和料进场应按规定取样复试。粉煤灰复试项目应包括细度、需水量比、烧失量、安定性（C 类粉煤灰）	5.0.2 检验项目细度、需水量比、烧失量、安定性（C 类粉煤灰）
验收批	粉煤灰、矿渣粉、沸石粉不超过 200t 为一检验批，硅灰不超过 30t 为一检验批	粉煤灰或粒化高炉矿渣粉等矿物掺和料应按 200t 为一个检验批	粉煤灰的取样频次宜以同一厂家连续供应的 200t 相同种类、相同等级的粉煤灰为一批，不足 200t 时宜按一批计	同厂家、同规格且连续进场的粉煤灰、矿渣粉、复合矿物掺和料不超过 500t 为一检验批，钢铁渣粉、石灰石粉不超过 200t 为一检验批，硅灰不超过 30t 为一检验批	同一厂家、相同级别、连续供应 500 吨/批（不足 500t，按一批计）

七、必试项目试验方法及注意事项

（一）细度试验

1. 试验的目的和意义

粉煤灰的细度用 $45\mu m$ 方孔筛筛余表示，是粉煤灰质量的重要技术指标。

一般说来，经过分选的粉煤灰越细，玻璃微珠越多，且多为球形颗粒，表面光滑，掺入混凝土之后能起滚球润滑作用，不增加甚至减少混凝土拌和物的用水量，起到减水作用，从而提高了混凝土的流动性；同时越细的粉煤灰，其比表面积越大，对高效减水剂起到载体作用，降低了它的饱和点，从而改善了水泥与高效减水剂的相容性。有的厂家或中间商采取磨细粉煤灰工艺，将粗的粉煤灰磨细到Ⅰ级或Ⅱ级细度出售。磨细工艺把一些需水量大的多孔玻璃体、碳粒粉碎，分散粘连的球体。磨细后的粉煤灰颗粒表面较为粗糙，颗粒的吸附能力增强，增加表面吸附水，会降低混凝土的流动性。

粉煤灰细度降低，其中的多孔玻璃体和碳粒增加，"吸附效应"增强，在混凝土中的填充效应变差，对混凝土的流动性影响较大，混凝土变黏；混凝土的后期强度增长不明显；混凝土耐久性变差[1]。

2. 试验方法：负压筛析法

1）试验仪器

试验筛：其中 $45\mu m$ 方孔筛上内径 150mm，下内径 142mm，上外径 160mm，高度为 25mm。

负压筛析仪：负压筛析仪主要由筛座、负压筛、负压源及收尘器组成。筛析仪负压可调范围为 $4000\sim6000Pa$。

天平：最小分度值不大于 0.01g。

2）试验条件及所需材料

试验准备：试验前所用的试验筛应保持清洁，负压筛和手工筛应保持干燥，试验时，$80\mu m$ 筛析试验称取试验 25g，$45\mu m$ 筛析试验称取 10g。

3）步骤

（1）负压筛析法：筛析试验前应把负压筛放在筛座上，盖上筛盖，接通电源，检查控制系统，调节负压至 $4000\sim6000Pa$ 范围内。

称取试样精确至 0.01g，置于洁净的负压筛中，放在筛座上，盖上筛盖，接通电源，开动筛析仪连续筛析 2min，在此期间如有试样附着在筛盖上，可轻轻敲击筛盖使试样落下，筛毕，用天平称量全部筛余物。

（2）试验筛的清洗：试验筛必须经常保持洁净，筛孔畅通，使用 10 次后要进行清洗。金属框筛、钢丝网筛清洗时应用专门的清洗剂，不可用弱酸浸泡。

（3）按《水泥细度检验方法 筛析法》（GB/T 1345—2005）中 $45\mu m$ 负压筛析法进行，筛析时间为 3min。筛孔尺寸的检验方法按照 GB/T 6003.1 进行。由于物料会对筛网产生磨损，试验筛每使用 100 次后需重新标定，标定方法见 GB/T 1345 附录 A。

4）结果计算与确定

（1）$45\mu m$ 方孔筛筛余按式（2-44）计算，精确至 0.1%：

$$F=\frac{R_1}{W}\times100 \tag{2-44}$$

式中 F——粉煤灰试样筛余百分数（%）；

R_1——粉煤灰筛余物的质量（g）；

W——粉煤灰试样的质量（g）。

结果计算至 0.1%。

（2）筛余结果的修正。

筛余结果修正见式（2-45）：

$$细度最终值=F\times C \tag{2-45}$$

式中 F——$45\mu m$ 方孔筛筛余百分数（%）；

C——试验筛修正系数。

用 A 号试验筛对某水泥的筛余值为 5.0%，而 A 号试验筛的修正系数为 1.10，则该水泥样品的最终结果为：$5.0\%\times1.10=5.5\%$

在进行合格评定时，每个样品应称取两个试样分别筛析，取筛余平均值为筛析结果。若两次筛余结果绝对误差大于 0.5%（筛余值大于 5.0% 时可放至 1.0%）应再做一次试验，取两次相近结果的算术平均值，作为最终结果。

5) 筛网的校正

筛网校正的标准样品采用符合《粉煤灰细度标准样品》（GSB 08-2056—2018）规定的或其他同等级标准样品进行校正，结果处理同 GB/T 1345 规定。

仪器设备：按 GB/T 1345 进行标定操作。

标定结果：两个样品结果的算术平均值为最终值，但当两个样品筛余结果相差大于 0.3％时应称第三个样品进行试验，并取接近的两个结果进行平均作为最终结果。

修正系数按式（2-46）计算（计算至 0.01）：

$$C=\frac{F_s}{F_t} \tag{2-46}$$

式中　C——试验筛修正系数；

F_s——标准样品的筛余标准值（％）；

F_t——标准样品在试验筛上的筛余值（％）。

注：当 C 值在 0.80～1.20 范围内时，试验筛可继续使用，C 可作为结果修正系。

当 C 值超出 0.80～1.20 范围时，试验筛应予淘汰。

3. 注意事项

(1) 试样或筛余量应精确至 0.01g；

(2) 细度应该是两次平行试验，筛余结果应先校正，再平均；

(3) 筛网校正时应称取两个标准样品连续进行，中间不得插做其他样品试验；

(4) 粉煤灰易吸潮，不得在空气中干燥，应进行烘干并在干燥器中冷却至室温；

(5) 当气流筛开始工作时，观察负压表，负压小于 4000Pa，则应停机，清理吸尘器的积灰。

（二）需水量比试验

1. 试验的目的和意义

需水量比是粉煤灰的一个核心指标，是粉煤灰质量的综合体现。需水量比与粉煤灰的细度、烧失量和球状玻璃体含量等密切相关。粉煤灰越粗，需水量比越大；烧失量越高，需水量比越大；球状玻璃体颗粒含量高，密度大，其需水量比小；如玻璃体颗粒疏松多孔，片状的颗粒多，密度小，则需水量比大。

需水量比的大小直接影响混凝土拌和物的流动性，混凝土达到相同的流动性需要的用水量不同，需要调整外加剂用量，以免因水胶比变化影响混凝土的强度。通过调整外加剂掺量或组分来降低粉煤灰需水量比对混凝土流动性的影响时，外加剂的使用量会随着需水量比的增大而增加，这样也容易造成离析泌水等问题。所以，对粉煤灰的需水量比应该重点加以控制。一般情况下，需水量比小于 100％的粉煤灰配制的混凝土质量较好。

2. 试验方法

1) 试验设备与仪器

天平：量程不小于 1000g，最小分度值不大于 1g。

搅拌机：符合 GB/T 17671 规定的行星式水泥胶砂搅拌机。

流动度跳桌：符合 GB/T 2419 规定。

试模：由截锥圆模和模套组成。金属材料制成，内表面加工光滑。模壁厚大于

5mm。圆模尺寸为：高度 60mm±0.5mm，上口内径 70mm±0.5mm，下口内径 100mm±0.5mm，下口外径 120mm。

捣棒：直径为 20mm±0.5mm，长度约 200mm。

卡尺：量程不小于 300mm，分度值不大于 0.5mm。

小刀：刀口平直，长度大于 80mm。

2）试验条件及所需材料

试验应在温度 20℃±2℃，相对湿度≥50％的环境内完成。

对比水泥：符合《强度检验用水泥标准样品》（GSB 14-1510—2018）规定，或符合 GB 175 规定的强度等级 42.5 的硅酸盐水泥或普通硅酸盐水泥且按表 2-34 配制的对比胶砂流动度（L_0）在 145～155mm 内。

试验样品：对比水泥和被检验粉煤灰按质量比 7：3 混合。

标准砂：符合 GB/T 17671 规定的 0.5～1.0mm 的中级砂。

水：洁净的淡水。

3）步骤

（1）粉煤灰需水量比试验胶砂配比见表 2-34。

表 2-34　粉煤灰需水量比试验胶砂配比

胶砂种类	对比水泥（g）	试验样品		标准砂（g）
		对比水泥（g）	粉煤灰（g）	
对比胶砂	250			750
试验胶砂		175	75	750

（2）对比胶砂和试验胶砂分别按 GB/T 17671 规定进行搅拌。在制备胶砂的同时，用潮湿棉布擦拭跳桌台面、试模内壁、捣棒以及与胶砂接触的用具，将试模放在跳桌台面中央并用潮湿棉布覆盖。

① 把水加入锅里，再加入水泥，把锅固定在固定架上，上升至工作位置；

② 立即开动机器，先低速搅拌 30s±1s 后，在第二个 30s±1s 开始的同时均匀地将砂子加入。把搅拌机调至高速再搅拌 30s±1s；

③ 停拌 90s，在停拌开始的 15s±1s 内，将搅拌锅放下，用刮刀将叶片、锅壁和锅底上的胶砂刮入锅中；

④ 再在高速下继续搅拌 60s±1s。

（3）搅拌后的对比胶砂和试验胶砂分别按 GB/T 2419 测定流动度。

如跳桌在 24h 内未被使用，先空跳一个周期 25 次。

将拌好的胶砂迅速地分两次装入摸内，第一层装至截锥圆模的三分之二处，用小刀在相互垂直的两个方向各划 5 次，用捣棒由边缘至中心均匀捣压 15 次，随后装第二层砂浆，装至高出截锥圆模约 20mm，用小刀在相互垂直的两个方向各划 5 次，再用捣棒由边缘至中心均匀捣 10 次。捣压后胶砂应略高于试模。捣压深度：第一层捣至胶砂高度的二分之一，第二层捣实不超过已捣实底层表面。装胶砂和捣压时，用手扶稳试模，不要使其移动。

捣压完毕，取下模套，将小刀倾斜，从中间到边缘分两次以近水平的角度抹去高出的胶砂，并擦去落到桌面的胶砂。将截锥圆模垂直向上轻轻提起。立即开动跳桌，以每秒钟一次的频率，在 25s±1s 内完成跳动 25 次。

胶砂流动度试验，从胶砂加水开始到测量扩散直径结束，应在 6min 内完成。

跳动完毕，用卡尺测量胶砂底部相互垂直的两个方向直径，计算平均值（取整数，单位为 mm），该平均值即为该水量的胶砂的流动度。

当试验胶砂流动度达到对比胶砂流动度（L_0）的 ±2mm 时，记录此时的加水量（m）；当超过 ±2mm 时，应调整加水量，直至试验胶砂流动度达到对比胶砂流动度（L_0）的 ±2mm 为止。

当流动度在 145～155mm 范围内时，记录此时的加水量；当流动度小于 145mm 或大于 155mm 时，重新调整加水量，直至流动度达到 145～155mm 为止。

4）结果计算与确定

粉煤灰需水比的计算见式（2-47）：

$$X = \frac{m}{125} \times 100 \tag{2-47}$$

式中　X——需水量比（%）；

　　　m——试验胶砂流动度达到对比胶砂流动度（L_0）的 ±2mm 时的加水量（g）；

　125——对比胶砂的加水量（g）。

3. 注意事项

（1）跳桌安装应规范：安装固定在约 400mm×400mm 见方、690mm 高的表观密度不低于 2240kg/m³ 的混凝土基座上。

（2）应严格控制试验时间，从加水到测量结束应在 6min 内完成。

（3）试验胶砂流动度应控制在对比胶砂流动度的 ±2mm 范围内。

（4）试验手法力度应保持一致，以减小试验误差。

（5）对比胶砂流动度用水量为 125g，且流动度在 145～155mm 范围。粉煤灰作为一个产品，其出厂检验指标只能用基准水泥进行检验，而 125g 是基准水泥的代表性用水量。当基准水泥 125g 用水量达不到规定流动度范围时，应更换基准水泥。

（6）从生产质量控制角度看，搅拌站宜检测粉煤灰与实际使用水泥的需水量比。

（三）烧失量试验

1. 试验的目的和意义

烧失量表征了粉煤灰含碳量的多少。粉煤灰烧失量越大，含碳量就越高，混凝土的需水量比就越大。粉煤灰烧失量越高，在混凝土搅拌、运输、成型过程中，粉煤灰更容易上浮至表面，影响混凝土的外观与内在质量。烧失量增大还会影响外加剂的使用效果。对引气混凝土来说，烧失量增加会严重降低混凝土的引气效果，不利于引气混凝土的生产和质量控制。

2. 试验方法

1）试验设备与仪器

天平：精度至 0.0001g。

干燥器：内装变色硅胶。

高温炉：温度可控制在 950℃±25℃。

瓷坩埚：带盖，容量在 20～30mL。

2）试验条件及所需材料

试样在 950℃±25℃的高温炉中灼烧，灼烧所失去的质量即为烧失量。

3）步骤

称取约 1g 试样（m_2），精确至 0.0001g，放入已灼烧恒量的瓷坩埚中，盖上坩埚盖，并留有缝隙，放在高温炉内从低温开始逐渐升高温度，在 950℃±25℃下灼烧 15～20min，取出坩埚，置于干燥器中冷却至室温，称量。反复灼烧直至恒量或者在 950℃±25℃下灼烧约 1h（有争议时以反复灼烧直至恒量的结果为准），置于干燥器中冷却至室温后称量（m_1）。

注：恒量——经第一次灼烧、冷却、称量后，通过连续对每次 15min 的灼烧，然后冷却、称量的方法来检查恒定质量，当连续两次称量之差小于 0.0005g 时，即达到恒量。

4）结果计算与确定

（1）结果计算。

烧失量的质量百分数按式（2-48）计算：

$$\omega_{LOI} = \frac{(m_2 - m_1)}{m_2} \times 100 \tag{2-48}$$

式中 ω_{LOI}——烧失量的质量百分数（%）；

m_2——试料的质量（g）；

m_1——灼烧后试料的质量（g）。

计算至 0.01%。

（2）结果确定。

以两试验结果的平均值表示测定结果，其重复性限为 0.15%（也就是说两次偏差不得大于 0.15%）。

当同一人对同一试样的两次试验之差大于 0.15% 时，应在短时间内进行第三次测定，当测定结果与前两次或任一次分析结果之差值符合标准规定时，取其平均值，否则应查找原因，重新进行分析试验。

注：《水泥化学分析方法》（GB/T 176）标准 3.1 重复性条件的定义为，在同一试验室，由同一操作者使用相同的设备，按相同的测定方法，在短时间内对同一被测对象取得相互独立测试结果的条件。

3. 注意事项

（1）恒量的试验过程要求非常精细，在试验过程中禁止其他人员随意出入此间试验室，应严格按照 GB/T 176 的 4.6 条规定进行试验。当连续两次称量之差小于 0.0005g 时，即达到恒量。

（2）GB/T 176 的 6.41 表 3 中表明烧失量的重复性限为 0.15%。

（3）按照 GB/T 176 的 4.2 条，烧失量试验结果以质量分数计，以% 表示至小数点后二位。

（4）每次粉煤灰烧失量试验结束后，观察瓷坩埚内粉煤灰灼烧后的残留物颜色，颜色有明显变化时，需进一步试验粉煤灰的其他指标。

第六节 矿渣粉试验

一、概述

矿渣粉是粒化高炉矿渣粉的简称，是以粒化高炉矿渣为主要原料，可掺加少量石膏制成一定细度的粉体。

粒化高炉矿渣是钢铁厂冶炼生铁时产生的废渣。在高炉炼铁过程中，除了铁矿石和燃料（焦炭）之外，为降低冶炼温度，还要加入适当数量的石灰石和白云石作为助熔剂。它们在高炉内分解所得到的氧化钙、氧化镁、铁矿石中的废矿，以及焦炭中的灰分相熔化，生成了以硅酸盐与硅铝酸盐为主要成分的熔融物，浮在铁水表面，定期从排渣口排出，经空气或水急冷处理，形成粒状颗粒物，即为粒化高炉矿渣，简称矿渣。以高炉水渣为主要原料的矿物掺和料都以矿渣粉产品开展生产经营，由于近几年矿渣粉市场回暖，高炉水渣价格大幅升高，矿渣粉中掺入低价格的矿物掺和料或其他固废已经成为公开的秘密。

二、定义与组成

（一）定义

以粒化高炉矿渣为主要原料，可掺加少量天然石膏，磨制成一定细度的粉体，称作粒化高炉矿渣粉，简称矿渣粉。

（二）矿渣粉的组分与材料

（1）矿渣：符合《用于水泥中的粒化高炉矿渣》（GB/T 203—2008）规定的粒化高炉矿渣。

（2）天然石膏：符合《天然石膏》（GB/T 5483—2008）中规定的 G 类或 M 类二级（含）以上的石膏或混合石膏。

（3）助磨剂：符合《水泥助磨剂》（GB/T 26748—2011）的规定，其加入量不超过矿渣粉质量的 0.5%。

三、常用技术指标

矿渣粉的技术要求见表 2-35。

表 2-35 矿渣粉的技术要求

项目		级别		
		S105	S95	S75
密度（g/cm³）		≥2.8		
比表面积（m²/kg）		≥500	≥400	≥300
活性指数（%）	7d	≥95	≥70	≥55
	28d	≥105	≥95	≥75
流动度比（%）		≥95		

四、取样方法

矿渣粉取样执行水泥取样方法。

五、必试项目/验收批

矿渣粉的必试项目及验收批的对比见表 2-36。检验结果符合表 2-35 比表面积、活性指数、流动度比等技术要求的为合格品。

表 2-36 不同标准对矿渣粉必试项目和验收批的对比

标准	GB 50666—2011	GB 50164—2011	GB/T 51003—2014	DB11/T 385—2019	DB11/T 1029—2021
必试项目	7.1.3 矿物掺和料细度（比表面积）、需水量比（流动度比）、活性指数（抗压强度比）、烧失量指标进行检验	2.4.2 粒化高炉矿渣粉的主要控制项目应包括比表面积、活性指数和流动度比。矿物掺和料主控项目还应包括放射性	4.3.2 比表面积、活性指数和流动度比	4.4.5 矿物掺和料进场应按规定取样复试。矿渣粉复试项目应包括比表面积、活性指数和流动度比	5.0.2 检验项目比表面积、活性指数和流动度比
验收批	粉煤灰、矿渣粉、沸石粉不超过 200t 为一检验批，硅灰不超过 30t 为一检验批	粉煤灰或粒化高炉矿渣粉等矿物掺和料应按 200t 为一个检验批（此标准中无验收批数量）	同一厂家、相同级别、连续供应 500t/批（不足 500t，按一批计）	同厂家、同规格且连续进场的粉煤灰、矿渣粉、复合矿物掺和料不超过 500t 为一检验批	同一厂家、相同级别、连续供应 500 吨/批（不足 500t，按一批计）

六、必试项目的试验方法及注意事项

（一）活性指数

1. 试验的目的和意义

活性指数试验是检验矿渣粉质量的一个重要指标，活性指数反映了矿渣粉对硬化混凝土力学性能的影响，不同的活性指数对混凝土的后期强度影响较大。活性指数越高，其对应的混凝土强度就越高，硬化混凝土开裂敏感性越大，因此从控制裂缝的角度看，S105 等级的矿粉应慎重使用。

2. 试验方法与步骤

1）试验设备与仪器

《行星式水泥胶砂搅拌机》（JC/T 681）。

《水泥胶砂试体成型振实台》（JC/T 682）：振实台应安装在高度约 400mm 的混凝土基座上。混凝土体积约为 0.25m³，重约 600kg。

《40mm×40mm 水泥抗压夹具》（JC/T 683）。

《水泥胶砂振动台》（JC/T 723）（标准里有，一般试验室不涉及）。

《水泥胶砂电动抗折试验机》（JC/T 724）抗折强度试验机：具有按 50N/s±10N/s 速率的均匀加荷能力。

《水泥胶砂强度自动压力试验机》（JC/T 960）抗压强度试验机：具有按 2400N/s±200N/s 速率的均匀加荷能力。

《水泥胶砂试模》（JC/T 726）：试模由隔板、端板、底板、紧固装置和定位销组成，可同时成型 3 条截面为 40mm×40mm，长 160mm 的棱柱体且可拆卸。

天平：精度应为±1g。

2）试验条件及所需材料

（1）方法。

测定试验样品和对比样品的抗压强度，采用两种样品同龄期（R_7、R_{28}）的抗压强度之比评价矿渣粉活性指数。

（2）样品。

对比水泥：符合 GB 175 规定的强度等级为 42.5 的硅酸盐水泥或普通硅酸盐水泥，且 3d 抗压强度 25～35MPa，7d 抗压强度 35～45MPa，28d 抗压强度 50～60MPa，比表面积 350～400m²/kg，SO_3 含量（质量分数）2.3%～2.8%，碱含量（$Na_2O+0.658K_2O$）（质量分数）0.5%～0.9%。

试验样品：由对比水泥和矿渣粉按质量比 1∶1 组成。

水：验收试验或有争议时应使用符合 GB/T 6682 规定的三级水，其他试验可用饮用水。

砂：中国 ISO 标准砂，使用前应妥善存放，避免破损、污染、受潮。

试验时试验室环境温度 20℃±2℃，相对湿度不低于 50%；水泥标准养护箱温度 20℃±1℃，相对湿度不低于 90%；试体养护池水温 20℃±1℃。

配合比（表 2-37）：对比胶砂每锅材料需，水泥∶标准砂∶水＝（450±2）g∶（1350±5）g∶（225±1）mL 或（225±1）g；水泥、标准砂、水及用于制备和测试用的设备应与试验室温度相同，称量用的天平分度值不大于±1g，加水器分度值不大于±1mL，计时器分度值不大于±1s。

表 2-37 矿渣粉活性指数试验胶砂配比

水泥胶砂种类	对比水泥（g）	矿渣粉（g）	中国 ISO 标准砂（g）	水（mL）
对比胶砂	450		1350	225
试验胶砂	225	225	1350	225

（3）试验步骤。

胶砂用搅拌机按以下程序进行搅拌，可以采用自动控制，也可以采用手动控制。

① 把水加入锅里，再加入水泥，把锅固定在固定架上，上升至工作位置；

② 立即开动机器，先低速搅拌 30s±1s 后，在第二个 30s±1s 开始的同时均匀地将砂子加入。把搅拌机调至高速再搅拌 30s±1s；

③ 停拌 90s，在停拌开始的 15s±1s 内，将搅拌锅放下，用刮刀将叶片、锅壁和锅底上的胶砂刮入锅中；

④ 再在高速下继续搅拌 60s±1s。

胶砂制备后立即进行成型。将空试模和模套固定在振实台上，用料勺将锅壁上的胶砂清理到锅内并翻转搅拌胶砂使其更加均匀，成型时将胶砂分两层装入试模。在装第一层时，每个槽里约放 300g 胶砂，先用料勺沿试模长度方向划动胶砂以布满模槽，再用大布料器垂直架在模套顶部沿每个模槽来回一次将料层布平。接着振实 60 次。再装入第二层胶砂，用料勺沿试模长度方向划动胶砂以布满模槽，但不能接触已振实胶砂，再用小布料器布平，振实 60 次。每次振实时可将一块用水湿过拧干、比模套尺寸稍大的棉纱布盖在模套上以防止振实时胶砂飞溅。

移走模套，从振实台上取下试模，用一金属直边尺以近似 90° 的角度（但向刮平方向稍斜）架在试模模顶的一端，然后沿试模长度方向以横向锯割动作慢慢向另一端移动，将超过试模部分的胶砂刮去。锯割动作的多少和直尺角度的大小取决于胶砂的稀稠程度，较稠的胶砂需要多次锯割、锯割动作要慢以防止拉动已振实的胶砂。用拧干的湿毛巾将试模端板顶部的胶砂擦拭干净，再用同一直边尺以近乎水平的角度将试体表面抹平。抹平的次数要尽量少，总次数不应超过 3 次。最后将试模周边的胶砂擦除干净。

用毛笔或其他方法对试体进行编号。两个龄期以上的试体，在编号时应将同一试模中的 3 条试体分在两个以上龄期内。

（4）试件的养护。

① 脱模前的处理和养护。

在试模上盖一块玻璃板，也可用相似尺寸的钢板或不渗水的、水泥没有反应的材料制成的板。盖板不应与水泥胶砂接触，盖板与试模之间的距离应控制在 2～3mm。为了安全，玻璃板应有磨边。

立即将做好标记的试模放入养护室或湿箱的水平架子上养护，湿空气应能与试模各边接触。养护时不应将试模放在其他试模上。一直养护到规定的脱模时间时取出脱模。

② 脱模。

脱模应非常小心。脱模时可以用橡皮锤或脱模器。

对于 24h 龄期的，应在破型试验前 20min 内脱模。对于 24h 以上龄期的，应在成型后 20～24h 脱模。

当经 24h 养护，会因脱模对强度造成损害时，可以延迟至 24h 以后脱模，但在试验报告中应予说明。

已确定作为 24h 龄期试验（或其他不下水直接做试验）的已脱模试体，应用湿布覆盖至做试验时为止。

对于胶砂搅拌或振实台的对比，建议称量每个模型中试体的总量。

③ 水中养护。

将做好标记的试体立即水平或竖直放在 20℃±1℃ 水中养护，水平放置时刮平面应朝上。试体放在不易腐烂的算子上。彼此间保持一定间距，让水与试体的六个面接触。养护期间试体之间间隔或试体上表面的水深不应小于 5mm。

注：不宜用未经防腐处理的木算子。

每个养护池只养护同类型的水泥试体。

最初用自来水装满养护池（或容器），随后随时加水保持适当的水位。在养护期间，可以更换不超过 50% 的水。

④ 强度试验试体的龄期。

除 24h 龄期或延迟至 48h 脱模的试体外，任何到龄期的试体应在试验（破型）前提前从水中取出。揩去试体表面沉积物，并用湿布覆盖至试验为止。试体龄期是从水泥加水搅拌开始试验时算起。不同龄期强度试验在下列时间里进行：

——24h±15min；

——48h±30min；

——72h±45min；

——7d±2h；

——28d±8h。

（5）结果计算。

① 抗折强度的测定。

抗折试验加荷速度为 50N/s±10N/s；

抗折强度按式（2-49）计算：

$$R_f = \frac{1.5F_f L}{b^3} \tag{2-49}$$

式中　R_f——抗折强度（MPa）；

F_f——折断时施加于棱柱体中部的荷载（N）；

L——支撑圆柱间的距离（mm），取 100mm；

b——棱柱体正方形截面的边长（mm），取 40mm。

结果精确至 0.1MPa。

② 抗压强度的测定。

在抗折强度试验完成后，取出两个半截试体，进行抗压强度试验。抗压强度试验通过规定的仪器，在半截棱柱体的侧面上进行。半截棱柱体中心与压力机压板受压中心差应在±0.5mm 内，棱柱体露在压板外的部分约有 10mm。

在整个加荷过程中以 2400N/s±200N/s 的速率均匀地加荷直至破坏。

抗压强度按式（2-50）计算：

$$R_c = \frac{F_c}{A} \tag{2-50}$$

式中　R_c——抗压强度，单位为兆帕（MPa）；

F_c——破坏时的最大荷载，单位为牛顿（N）；

A——受压部分面积，单位为平方毫米（mm²）。

结果精确至 0.1MPa。

（6）结果确定。

① 抗折强度。

以一组 3 个棱柱体抗折结果的平均值作为试验结果。当 3 个强度值中有 1 个超出平均值±10％时，应剔除后再取平均值作为抗折强度试验结果。当 3 个强度值中有 2 个超出平均值±10％时，则以剩余 1 个作为抗折强度试验结果。

单个抗折强度结果精确至 0.1MPa，算术平均值精确至 0.1MPa。

② 抗压强度。

以一组 3 个棱柱体上得到的 6 个抗压强度测定值的平均值为试验结果。当 6 个测定值中有 1 个超出 6 个平均值的±10％时，剔除这个结果，再以剩下 5 个的平均值为结果。当 5 个测定值中再有超过它们平均值的±10％时，则此组结果作废。当 6 个测定值中同时有 2 个或 2 个以上超出平均值的±10％时，则此组结果作废。

单个抗压强度结果精确至 0.1MPa，算术平均值精确至 0.1MPa。

矿渣粉 7d 活性指数按式（2-51）计算，计算结果保留至整数：

$$A_7 = \frac{(R_7 \times 100)}{R_{07}} \tag{2-51}$$

式中　A_7——矿渣粉 7d 活性指数（％）；

R_{07}——对比胶砂 7d 抗压强度（MPa）；

R_7——试验胶砂 7d 抗压强度（MPa）。

矿渣粉 28d 活性指数按式（2-52）计算，计算结果保留至整数：

$$A_{28} = \frac{(R_{28} \times 100)}{R_{028}} \tag{2-52}$$

式中　A_{28}——矿渣粉 28d 活性指数（％）；

R_{028}——对比胶砂 28d 抗压强度（MPa）；

R_{28}——试验胶砂 28d 抗压强度（MPa）。

3. 注意事项

（1）每完成一个抗折试件，需把折断的试件放在浅盘中，用湿毛巾覆盖。

（2）从生产质量控制角度看，搅拌站宜检测矿渣粉与实际使用水泥的活性指数。

（二）流动度比

1. 试验的目的和意义

流动度比试验主要是为了掌握该批矿渣粉在混凝土中的需水量是否满足要求，以便正确、合理地在混凝土中使用矿渣粉，使之掺入混凝土后，达到改善混凝土性能，提高工程质量的目的。当流动度比高时，生产混凝土时可以减少用水量，提高混凝土的强度。

2. 试验方法与步骤

1）试验设备与仪器

水泥胶砂流动度测定仪（简称跳桌）。

水泥胶砂搅拌机符合 JC/T 681 的要求。

试模：由截锥圆模和模套组成。金属材料制成，内表面加工圆滑。圆模尺寸为：高度 60mm±0.5mm；上口内径 70mm±0.5mm；下口内径 100mm±0.5mm；下口外径 120mm；模壁厚大于 5mm。

捣棒：金属材料制成，直径为 20mm±0.5mm，长度约 200mm，捣棒底面与侧面成直角，其下部光滑，上部手柄滚花。

卡尺：量程不小于 300mm，分度值不大于 0.5mm。

小刀：刀口平直，长度大于 80mm。

天平：里程不小于 1000g，分度值不大于 1g。

2）试验条件及所需材料

胶砂试验配合比按表 2-38 选取（和活性指数用量一致），或经试验设计确定。

表 2-38　矿渣粉流动度比试验胶砂配比

水泥胶砂种类	对比水泥（g）	矿渣粉（g）	中国 ISO 标准砂（g）	水（mL）
对比胶砂	450		1350	225
试验胶砂	225	225	1350	225

试验条件：试体成型试验室的温度应保持在 20℃±2℃，相对湿度应不低于 50％；

试验准备：如跳桌在 24h 内未被使用，先空跳一个周期 25 次，胶砂制备按 GB/T 17671 有关规定进行。在制备胶砂的同时，用潮湿棉布擦拭跳桌台面、试模内壁、捣棒以及与胶砂接触的用具，将试模放在跳桌台面中央并用潮湿棉布覆盖。

3）步骤

搅拌后的对比胶砂和试验胶砂分别按 GB/T 2419 测定流动度。

（1）先湿润搅拌机叶片和锅内壁；

（2）把水加入锅里，再加入水泥，把锅固定在固定架上，上升至工作位置；

（3）立即开动机器，先低速搅拌 30s±1s 后，在第二个 30s±1s 开始的同时均匀地将砂子加入，把搅拌机调至高速再搅拌 30s±1s；

（4）停拌 90s，在停拌开始的 15s±1s 内，将搅拌锅放下。用刮刀将叶片、锅壁和锅底上的胶砂刮入锅中；

（5）再在高速下继续搅拌 60s±1s。

将拌好的胶砂迅速地分两次装入模内，第一层装至截锥圆模的三分之二处，用小刀在相互垂直的两个方向各划 5 次，用捣棒由边缘至中心均匀捣压 15 次，随后装第二层砂浆，装至高出截锥圆模约 20mm，用小刀在相互垂直的两个方向各划 5 次，再用捣棒由边缘至中心均匀捣 10 次。捣压后胶砂应略高于试模。捣压深度：第一层捣至胶砂高度的二分之一，第二层捣实不超过已捣实底层表面。在装胶砂和捣压时，用手扶稳试模，不要使其移动。

捣压完毕，取下模套，将小刀倾斜，从中间到边缘分两次以近水平的角度抹去高出的胶砂，并擦去落到桌面的胶砂。将截锥圆模垂直向上轻轻提起。立即开动跳桌，以每秒钟一次的频率，在 25s±1s 内完成跳动 25 次。

胶砂流动度试验，从胶砂加水开始到测量扩散直径结束，应在 6min 内完成。

跳动完毕，用卡尺测量胶砂底部相互垂直的两个方向直径，计算平均值（取整数，单位为毫米），该平均值即为该水量的胶砂的流动度。

4）结果计算与确定

分别测定对比胶砂和试验胶砂的流动度，流动度比按式（2-53）计算，计算结果取整数：

$$F = \frac{L \times 100}{L_{\mathrm{m}}} \tag{2-53}$$

式中　F——矿渣粉流动度比（％）；

　　　L_{m}——对比胶砂流动度（mm）；

L——试验胶砂流动度（mm）。

3. 注意事项

同粉煤灰需水量比注意事项。

（三）比表面积

1. 试验的目的和意义

矿渣粉的粗细以比表面积来表征，单位质量的矿渣粉颗粒所具有的表面积称为矿渣粉的比表面积。矿渣粉总体颗粒越细，则比表面积越大，特征粒径越小。矿渣粉比表面积越大，活性就越高，用其配制的矿渣水泥或矿渣混凝土的强度也会越高。但矿渣粉的比表面积应控制在合适的范围内，比表面积过大，需水量增加，对外加剂的需求量增高，混凝土坍落度损失加大，混凝土开裂敏感性增大。相反，如果比表面积太小，则混凝土的保水能力变差，混凝土易发生离析和泌水。

2. 试验方法与步骤

见第二章第一节水泥比表面积。

3. 注意事项

见第二章第一节水泥比表面积。

第七节 其他掺和料

一、硅灰

（一）概述

硅灰（Silica Fume）又称硅粉，是在冶炼工业硅或含硅合金时由高纯度的石英与焦炭在高温电弧炉（2000℃）中发生还原反应而产生的工业尘埃。它是利用收尘装置回收烟道排放的高温废气并通过专门处理而得，其颗粒超细，比表面积大，具有很高的火山灰活性。硅灰用于混凝土的研究始于20世纪50年代的挪威、丹麦等国，在美国、日本、法国等国得到了普遍的应用。在我国，通常将硅灰作为掺和料用于混凝土工程中，一方面可节约水泥熟料，降低混凝土的生产成本，有效减少环境污染，保护环境；另一方面可改善混凝土的性能，延长结构的安全使用期，增加结构的使用寿命[5]。

硅灰具有很高的无定形 SiO_2 成分、极高的比表面积和分散度，颗粒圆整而致密，是活性矿物掺和料之一。与其他活性掺和料相比，具有反应快、活性高等优点。混凝土中加入硅灰可取代一部分胶凝材料。在混凝土工程中，在高强混凝土中掺入适量的硅灰，对提高混凝土的劈裂抗拉强度有非常明显的效果，也可在一定程度上增强混凝土的抗压强度和抗折强度[6]。因此，硅灰主要用于配制高强混凝土、抗冲耐磨混凝土、抗化学腐蚀混凝土、喷射混凝土等。

（二）定义、分类

1. 定义

在冶炼硅铁合金或工业硅时，经收集通过烟道排出的硅蒸气得到的以无定形二氧化硅为主要成分的粉体材料。其中直接收集获得、未进行增密处理，且堆积密度不超过

$350 kg/m^3$ 的硅灰称为原状硅灰；将原状硅灰进行增密处理，堆积密度提高至 $350 kg/m^3$ 以上的硅灰，称为加密硅灰。

2. 分类

按二氧化硅含量分为 85 级硅灰（代号 SF85）和 90 级硅灰（代号 SF90）；按堆积密度分为原状硅灰（代号 R）、加密硅灰（代号 D）。

（三）技术指标

硅灰的技术要求应符合《砂浆和混凝土用硅灰》（GB/T 27690—2023）的规定（表 2-39）。

表 2-39　砂浆和混凝土用硅灰的性能指标

项目		性能指标	
		SF85	SF90
二氧化硅含量（%）		≥85.0	≥90.0
含水率（%）		≤3.0	≤2.0
烧失量（%）		≤6.0	≤3.0
细度	45μm 方孔筛筛余（%）	≤8.0	≤5.0
	比表面积（m²/kg）	≥15000	≥18000
需水量比（%）		≤125	
活性指数（%）		≥105	
放射性		$I_{ra} ≤ 1.0$，$I_r ≤ 1.0$	
抑制碱-骨料反应性（14d 膨胀率降低值）（%）		≥35	
抗氯离子渗透性（28d 电通量之比）（%）		≤40	

注：抑制碱-骨料反应性（14d 膨胀率降低值）和抗氯离子渗透性（28d 电通量之比性）为选择性试验项目，由供需双方协商确定。

（四）取样方法

取样方法执行水泥取样方法。

（五）必试项目验收批

1. 出厂检验

每一批硅灰出场检验项目包括堆积密度、二氧化硅含量、含水率、烧失量、细度、需水量比、活性指数。

出厂检验项目的检验结果均符合要求时判该批产品为合格品；若有一项的检验结果不符合文件要求，则判为不合格品。

2. 型式检验

型式检验项目的检验结果均符合表 2-35 的要求时判该批产品为合格品；若有一项指标不符合要求，则判为不合格品。有下列情形之一者，应进行型式检验。

（1）新产品或老产品转厂生产的试制定型鉴定。

（2）正式生产后，如材料、工艺有较大改变，可能影响产品性能时。

（3）正常生产时，一年至少进行一次检验。

（4）产品长期停产后，恢复生产时。

（5）出场检验结果与上次型式检验有较大差异时。

3. 进场复试项目及代表数量

进场复试项目为二氧化硅含量、烧失量。

同一厂家、散装运输、连续供应 100t 为一验收批（不足 100t，按一批计）；袋装运输、连续供应 30t 为一验收批（不足 30t，按一批计）。

（六）必试项目试验方法及注意事项

1. SiO_2 含量

1）试验的目的和意义

硅灰中的 SiO_2 可以参与水化反应生成 C-S-H 凝胶，提高混凝土的力学性能，改善混凝土耐久性和抗裂性。

2）试验方法

SiO_2 含量试验参照《水泥化学分析方法》（GB/T 176—2017）进行。

SiO_2 含量是衡量硅灰品质的重要指标，但其检测手段极为复杂，建议使用时外委检测。

2. 烧失量

烧失量试验参照 GB/T 176 进行，具体步骤和注意事项参考粉煤灰烧失量试验过程。

二、白云石粉

（一）概述

白云岩是一种沉积碳酸盐岩，主要由白云石组成，常混入石英、长石、方解石和黏土矿物，属碳酸盐类岩石，外形似石灰岩，以加盐酸起泡微弱区别于石灰岩。随着我国基础建设的迅速发展，传统活性掺和料如矿粉和粉煤灰资源市场需求急增，价格上涨，制约了商品混凝土的发展。另一方面，由于砂石开采量的增加，产生大量石屑石粉，堆积存储成本高，造成环境污染，成为困扰砂石企业的难题[7-8]。我国石灰石、白云岩等矿产资源丰富，现已探明储量 40 亿吨以上，其远景储量巨大。每年白云石开采量超过千万吨，平均 1t 矿石约产生 0.15～0.20t 石屑。石屑通过磨细成微粉用作混凝土掺和料，不仅可降低混凝土生产成本，提高混凝土浆骨比和流动性能，也能在一定程度上缓解实际工程中的原材料紧缺和环境污染等问题。白云石粉用作混凝土掺和料，是建筑行业可持续发展的体现，对绿色混凝土的发展具有重要意义[9]。

（二）定义、分类

1. 定义

将白云岩磨至一定细度的粉体或白云岩机制砂生产过程中产生的收尘粉。

2. 分类

白云岩按照相关物理指标分为Ⅰ级、Ⅱ级两个等级。

（三）技术指标

白云石粉技术指标应满足表 2-40 要求。

表 2-40　白云石粉技术指标

序号	项目		质量级别		试验方法
			I	II	
1	碳酸钙与碳酸镁含量之和 ≥		60%		现行国家标准《建材用石灰石、生石灰和熟石灰化学分析方法》GB/T 5762，C6.1CO₃ 和 Mg-CO₃ 应分别按照 1.785 倍 C6.10 折算、2.1 倍 MgO 折算
2	细度 （45μm 方孔筛筛余,%）≤		15	45	现行国家标准《水泥细度检验方法 筛析法》（GB/T 1345）
3	需水量比（%）　　≤		95	105	
4	含水率（%）　　≤		1.0		现行行业标准《水泥砂浆和混凝土用天然火山灰质材料》（JG/T 315）附录 B
5	抗压强度比（%）≥	7d	50		
		28d	60		
6	亚甲蓝值(MB)（g/kg）≤		1.0	2.0	

（四）取样

取样方法按 GB/T 12573—2008 进行，总量至少 5kg，试样应混合均匀。预拌混凝土企业，作为内部质量控制的取样方法，在保证样品具有代表性的前提下，可以根据实际情况确定，遇有争议时，应以标准取样方法为准。

（五）必试项目和验收批

1. 白云石粉进场检验项目、组批条件及批量应符合表 2-41 的规定

表 2-41　白云石粉进场检验项目、组批条件及批量

序号	检验项目	验收组批条件及批量
1	细度	同一厂家、连续供应 200 吨/批（不足 200t，按一批计）
2	需水量比	
3	亚甲蓝值（MB 值）	
4	抗压强度比	

2. 储存

白云石粉应单独储存，储存库或储仓应具备防潮、防混料以及防杂物污染等条件。

（六）必试项目、试验方法及注意事项

1. 白云石粉需水量比及抗压强度比测试方法

1）试验的目的和意义

需水量比可以衡量白云石粉达到某一流动度下的用水量，抗压强度比可以衡量白云石粉在混凝土中所起到的强度影响。

2）试验仪器

采用现行国家标准《水泥胶砂强度检验方法（ISO 法）》（GB/T 17671）和《水泥胶砂流动度测定方法》（GB/T 2419）中所规定的试验用仪器。

3）试验材料

水泥：《强度检验用水泥标准样品》（GSB 14-1510—2018）规定的基准水泥或符合现行国家标准《通用硅酸盐水泥》（GB 175）规定的强度等级为 42.5 的硅酸盐水泥或者普通硅酸盐水泥，并且按照标准要求配制的胶砂流动度在 145～155mm 范围内。

砂：需水量比用的标准砂应符合现行国家标准《水泥胶砂强度检验方法（ISO 法）》（GB/T 17671）规定的 0.5～1.0mm 的标准砂；抗压强度比用标准砂应符合现行国家标准《水泥胶砂强度检验方法（ISO 法）》（GB/T 17671）规定的标准砂。

水：自来水或蒸馏水。

白云石粉：受检的白云石粉样品。

4）试验条件

试验室应符合现行国家标准 GB/T 17671 中第 1 节的规定。试验用各种材料和用具应预先 24h 放在试验室内，使其达到试验室相同温度。

5）试验方法

（1）胶砂配合比。

需水量比的胶砂配合比见表 2-42。

表 2-42 需水量比的胶砂配合比

材料	基准胶砂	受检胶砂
水泥（g）	450±2	315±1
白云石粉（g）		135±1
ISO 标准砂	1350±5	1350±5
水	225±1	

（2）试件的制备。

按现行国家标准 GB/T 17671 中第 7 章进行。

（3）试件的养护。

① 试件脱模前处理和养护、脱模、水中养护按现行国家标准 GB/T 17671 中第 8.1、8.2 和 8.3 节进行。

② 强度和试验龄期。

试体龄期是从水泥加水搅拌开始时算起，不同龄期强度试验在下列时间里进行。

3d：3d±45min。

28d：28d±8h。

（4）结果与计算。

① 需水量比。

根据表 2-42 配合比，测得受检砂浆的用水量，按式（2-54）计算白云石粉的需水量比 R_w，计算结果取整数：

$$R_w = \frac{W_t}{225} \times 100\%$$

(2-54)

式中 R_w——受检胶砂的需水量比（%）；

W_t——受检胶砂的用水量，单位为克（g）；

225——基准胶砂的用水量，单位为克（g）。

② 白云石粉抗压强度比。

在测得相应龄期对比胶砂和受检胶砂抗压强度后，按式（2-55）计算白云石粉相应龄期的抗压强度比，计算结果取整数：

$$A=\frac{R_t}{R_0}\times100 \qquad (2-55)$$

式中　A——白云石粉的抗压强度比（%）；

　　　R_t——受检胶砂相应龄期的强度（MPa）；

　　　R_0——对比胶砂相应龄期的强度（MPa）。

6）注意事项

抗压强度比试验中的胶砂试条在拆模过程中应防止断裂。

2. 白云石粉亚甲蓝值测试方法

1）试验的目的和意义

亚甲蓝可以表征白云石粉中所含有的具有吸附性作用的泥的含量，可以作为混凝土生产中外加剂掺量使用的指导依据。

2）试样制备

将白云石粉样品缩分至200g，放在烘箱中于105℃±5℃下烘干至恒重，冷却至室温。

称取50g白云石粉，精确至0.1g；将称取的白云石粉作为试样备用。

3）仪器设备

烘箱：温度控制范围为105℃±5℃。

天平：称量1000g，感量0.1g；称量100g，感量0.01g。

移液管：5mL、2mL移液管各一个。

三片或四片式叶轮搅拌器，转速可调，最高达600r/min±60r/min，直径75mm±10mm。

定时装置：精度1s。

玻璃容量瓶：容量1L。

温度计：精度1℃。

玻璃棒：2支，直径8mm，长300mm。

定量滤纸：快速定量滤纸。

容量为1000mL的烧杯等。

4）试验步骤

将试样倒入盛有500mL±5mL蒸馏水的烧杯中，用叶轮搅拌机以600r/min±60r/min转搅拌5min，形成悬浮液，然后以400r/min±40r/min转速持续搅拌，直至试验结束。

悬浮液中加入5mL亚甲蓝溶液，以400r/min±40r/min转速搅拌至少1min后，用玻璃棒蘸取一滴悬浮液（所取悬浮液滴应使沉淀物直径在8～12mm），滴于滤纸（置空烧杯或其他合适的支撑物上，以使滤纸表面不与任何固体或液体接触）上。若沉淀物周围出现色晕，再加入5mL亚甲蓝溶液，继续搅拌1min，再用玻璃棒蘸取一滴悬浮液，滴滤纸上，若沉淀物周围仍未出现色晕，重复上述步骤，直至沉淀物周围出现约

1mm 宽的稳定浅蓝色晕。此时，应继续搅拌，不加亚甲蓝溶液，每 1min 进行一次蘸染试验；若色晕 4min 内消失，再加入 5mL 亚甲蓝溶液，若色晕在第 5min 消失，再加入 2mL 亚甲蓝溶液，这两种情况下，均应继续进行搅拌和蘸染试验，直至色晕可持续 5min。

记录色晕持续 5min 时所加入的亚甲蓝溶液总体积，精确至 1mL。

5）亚甲蓝 MB 值按式（2-56）计算，结果精确至 0.01

$$MB = \frac{V \times 10 \times 0.25}{G} \tag{2-56}$$

式中 MB——亚甲蓝值（g/kg）；

G——试样质量（g）；

V——所加入的亚甲蓝溶液的总量（mL）。

10——用于将每千克样品消耗的亚甲蓝溶液体积换算成亚甲蓝质量的系数。

0.25——换算系数。

6）亚甲蓝溶液的配制

将含量≥95％的亚甲蓝（$C_{16}H_{18}C_1N_3S\text{-}3H_2O$）粉末在 105℃±5℃下烘干至恒重，称取烘干亚甲蓝粉末 10g，精确至 0.01g，倒入盛有约 600mL 蒸馏水（水温加热至 35～40℃）的烧杯中，用玻璃棒持续搅拌 40min，直至亚甲蓝粉末完全溶解，冷却至 20℃。将溶液倒入 1L 容量瓶中，用蒸馏水淋洗烧杯等，使所有亚甲蓝溶液全部移入容量瓶，容量瓶和溶液的温度应保持在 20℃±1℃，加蒸馏水至容量瓶 1L 刻度。振荡容量瓶以保证亚甲蓝粉末完全溶解。将容量瓶中溶液移入深色储藏瓶中，标明制备日期、失效日期（亚甲蓝溶液保质期不应超过 28d），并置于阴暗处保存。

7）注意事项

（1）亚甲蓝溶液配制后应避光保存，保存期不超过 28d。

（2）试验所选用的滤纸应为快速定量滤纸。

三、石灰石粉

（一）概述

石灰石粉是一种新型粉体材料，其粒径一般小于 10μm，在混凝土中具有良好的减水和填充效应。《石灰石粉混凝土》（GB/T 30190）、《石灰石粉在混凝土中应用技术规程》（JGJ/T 318）、《矿物掺合料应用技术规范》（GB/T 51003）等标准均将其作为矿物掺和料，配合比计算时将石灰石粉用量计入胶凝材料用量，其使用方法与其他矿物掺和料基本相同。我国在部分水电工程中，由于受到地域的限制，常用的掺和料如粉煤灰、矿渣粉等不易得到，因此采用现场的石灰石直接加工成粉，应用于低强度大体积混凝土结构中，取得了较好的效果[1]。

（二）定义、分类

石灰石粉是指将石灰石粉磨至一定细度的粉体或石灰石机制砂生产过程中产生的收尘粉。

（三）技术指标

石灰石粉的技术要求应符合表 2-43 的规定。

表 2-43　石灰石粉技术要求

项目		技术指标
碳酸钙含量（%）		≥75
亚甲蓝值（MB 值）（g/kg）	Ⅰ级	≤0.5
	Ⅱ级	≤1.0
	Ⅲ级	≤1.4
$45\mu m$ 方孔筛筛余（%）	A 型	≤15
	B 型	≤45
抗压强度比（%）	7d	≥60
	28d	≥60
流动度比（%）		≥95
含水量（%）		≤1.0
总有机碳含量（TOC）（%）		≤0.5

（四）取样方法

取样方法按 GB/T 12573—2008 进行，总量至少 5kg，试样应混合均匀。预拌混凝土企业，作为内部质量控制的取样方法，在保证样品具有代表性的前提下，可以根据实际情况确定，遇有争议时，应以标准取样方法为准。

（五）必试项目、验收批和判定规则

石灰石粉的必试项目、验收批和判定规则要求见表 2-44。

表 2-44　石灰石粉的必试项目和验收批

标准	DB11/T 1029—2021	GB/T 30190—2013	GB/T 51003—2014
必试项目	细度、抗压强度比、流动度比、MB 值	碳酸钙含量、细度、活性指数、流动度比、含水量、MB 值	细度、流动度比、安定性、活性指数
验收批	同一厂家，连续供应 200 吨/批（不足 200t，按一批计）		
判定规则	矿物掺和料的验收应按批进行，符合本规程检验项目技术要求的方可使用；当检验结果不符合本规程要求时，应按不合格品处理	进场检验结果满足标准中表 1 相关的技术要求时为进场检验合格，流动度比、含水量和 MB 值检测结果不满足技术要求时，允许在同一个检验批中重新取样，对不满足技术要求的项目进行复检，复检结果合格应评定合格	矿物掺和料的验收应按批进行，符合本规程检验项目技术要求的方可使用；当其中任一检验项目不符合规定要求时，应降级使用或不宜使用；也可根据工程和原材料实际情况，通过混凝土试验论证，确能保证工程质量时，方可使用

（六）必试项目试验方法及注意事项

1. 细度

石灰石粉细度试验同粉煤灰及白云石粉细度试验。

2．流动度比及活性指数试验

1）试验的目的和意义

石灰石粉在混凝土中的作用机理与白云石粉基本一致，其试验的目的和意义参考白云石粉。

2）试验方法与步骤（配合比为表2-45）

表2-45　石灰石粉活性指数及流动度比试验胶砂配比

水泥胶砂种类	对比水泥（g）	矿渣粉（g）	中国ISO标准砂（g）	水（mL）
对比胶砂	450		1350	225
试验胶砂	315	135	1350	225

试验步骤见矿粉抗压强度比和流动度比试验。

3．MB值

同白云石粉测定。

四、沸石粉

（一）概述

沸石矿物是1756年瑞典矿物学家Cronstedt研究冰岛玄武岩时在其空洞中发现的。由于它具有完好的自然晶体和吹管加热时发泡而取名为沸石。沸石是呈架状结构的多孔含水铝硅酸盐晶体的总称，有自然界天然存在的矿物，也有人工合成的晶体。天然沸石具有独特的内部结构和晶体化学性质，使其具有吸水、吸附、选择性吸附、离子交换、催化反应、耐酸和耐辐射等性能。沸石粉是指将天然斜发沸石岩或丝光沸石岩磨细制成的粉体材料[7]。

（二）技术要求

《混凝土和砂浆用天然沸石粉》（JG/T 566—2018）技术要求见表2-46。

表2-46　沸石粉技术要求

项目	技术指标（按级别）	
	I	II
28d活性指数（%）	≥75	≥70
细度（80μm方孔筛筛余）（%）	≤4	≤10
需水量比（%）	≤125	≤120
吸铵值（mmol/100g）	≥75	≥70

（三）化学成分

沸石的主要化学成分为SiO_2和Al_2O_3，活性较高，其化学组成举例见表2-47。

表2-47　沸石粉的化学组成（%）

项目	SiO_2	Al_2O_3	Fe_2O_3	CaO	MgO	其他
含量	66.24	12.82	1.42	2.40	1.08	16.04

（四）沸石粉混凝土的性能

沸石粉由于其特殊的结构，早期会吸收一些自由水，所以要得到相同的坍落度和扩展度，需要增加用水量和外加剂的用量。建议采用多种掺和料复合使用。

沸石粉混凝土的早期强度发展较缓慢，后期强度会有较大的增长。沸石粉混凝土的其他物理力学性能也优于普通混凝土。

由于沸石粉可以吸附混凝土中的碱，可以抑制混凝土的碱-骨料反应。

第三章 混凝土配合比设计和试验

混凝土配合比是指单位体积的混凝土中各组成材料的质量比例。混凝土配合比设计是指确定混凝土中各组成材料质量比例关系的工作。科学的设计方法、合理的确定手段、快速有效的调整技术，对于混凝土质量控制有着重要的意义。预拌混凝土企业在进行配合比设计时，主要依据《普通混凝土配合比设计规程》（JGJ 55—2011）标准。对于一些特殊的混凝土也有相应的配合比设计方法，在进行配合比设计时也要同时参考 JGJ 55—2011。

第一节 基本规定

混凝土配合比设计应根据设计要求的强度等级、强度保证率、混凝土长期性能和耐久性能及施工要求，采用实际使用的原材料，按现行行业标准《普通混凝土配合比设计规程》（JGJ 55）的规定执行。有特殊要求的混凝土，其配合比设计应符合国家现行有关标准规定。

一、最大水胶比、最小胶凝材料用量和水泥用量规定

1. JGJ 55—2011 对混凝土的最大水胶比和最小胶凝材料规定

混凝土的最大水胶比应符合现行国家标准《混凝结构设计规范》（GB 50010）的规定。除配制 C15 及其以下强度等级的混凝土外，混凝土的最小胶凝材料用量还应符合表 3-1 的规定。

表 3-1 普通混凝土的最大水胶比和最小胶凝材料用量规定

最大水胶比	最小胶凝材料用量（kg/m³）		
	素混凝土	钢筋混凝土	预应力混凝土
0.60	250	280	300
0.55	280	300	300
0.50	320		
≤0.45	330		

2. 抗渗混凝土最大水胶比和胶凝材料用量规定

（1）最大水胶比应符合表 3-2 的规定。

表 3-2 抗渗混凝土最大水胶比

设计抗渗等级	最大水胶比	
	C20～C30	C30 以上
P6	0.60	0.55
P8～P12	0.55	0.50
＞P12	0.50	0.45

（2）抗渗混凝土中的胶凝材料用量不宜小于 320kg/m³。

3. 高强混凝土水胶比和胶凝材料用量规定

（1）水胶比、胶凝材料用量可按表 3-3 选取，并经试验确定。

表 3-3　高强混凝土水胶比、胶凝材料用量规定

强度等级	水胶比	胶凝材料用量 （kg/m³）
>C60，<C80	0.28~0.34	480~560
≥C80，<C100	0.26~0.28	520~580
C100	0.24~0.26	550~600

（2）水泥用量不宜大于 500kg/m³。

4. 冬期混凝土最小水泥用量要求

《建筑工程冬期施工规程》（JGJ/T 104—2011）规定：混凝土最小水泥用量不宜低于 280kg/m³；水胶比不应大于 0.55。

《混凝土矿物掺合料应用技术规程》（DB11/T 1029—2021）规定：冬期施工混凝土，当环境温度不低于-10℃时，结构混凝土最小水泥用量不应小于 220kg/m³。当环境温度低于-10℃时，结构混凝土最小水泥用量不应小于 240kg/m³。

5. 地下防水混凝土要求

《地下工程防水技术规范》（GB 50108—2008）规定：胶凝材料用量应根据混凝土的抗渗等级和强度等级选用，其总用量不宜小于 320kg/m³；当强度要求较高或地下水有腐蚀性时，胶凝材料用量可通过试验调整；在满足混凝土抗渗等级、强度等级和耐久性条件下，水泥用量不宜小于 260kg/m³。

6. 大体积混凝土要求

《超长大体积混凝土结构跳仓法技术规程》（T/CECS 640—2019）规定：跳仓法施工常用的中、低强度等级的 C25~C40 大体积混凝土，其主要参数控制应符合下列规定：混凝土水胶比宜为 0.40~0.45，胶凝材料总量不宜大于 350kg/m³，水泥用量不应大于 240kg/m³。

《超长大体积混凝土结构跳仓法技术规程》（DB11/T 1200—2023）规定：跳仓法施工的 C25~C40 大体积混凝土，其水胶比可参照现行行业标准《普通混凝土配合比设计规程》（JGJ 55）中的有关规定计算，并根据对混凝土结构的耐久性要求进行适当调整，宜为 0.40~0.45；拌和水用量不宜超过 170kg/m³，胶凝材料总量不宜大于 400kg/m³，水泥用量不宜大于 240kg/m³。

7. 公路桥涵混凝土要求

《公路桥涵施工技术规范》（JTG/T 3650—2020）规定不同强度等级混凝土的最大水胶比、胶凝材料用量宜符合表 3-4 的规定。

表 3-4　公路桥涵用混凝土的最大水胶比、胶凝材料用量规定

混凝土强度等级	最大水胶比	最小水泥用量 （kg/m³）	最大胶凝材料用量 （kg/m³）
C25	0.55	275	400
C30	0.55	280	
C35	0.50	300	

混凝土强度等级	最大水胶比	最小水泥用量（kg/m³）	最大胶凝材料用量（kg/m³）
C40	0.45	320	450
C45	0.40	340	450
C50	0.36	360	480
C55	0.32	380	500
C60	0.30	400	530

注：1. 表中数据适用于最大粗骨料粒径为 20mm 的情况，粒径较大时可适当降低胶凝材料用量，粒径较小时可适当增加胶凝材料用量；

2. 大掺量矿物掺和料混凝土的水胶比应不大于 0.42；

3. 引气混凝土的胶凝材料用量与非引气混凝土要求相同；

4. 封底、垫层及其他临时工程的混凝土，可不受本表的限制。

8. 北京市轨道交通工程结构混凝土要求

《轨道交通工程结构混凝土裂缝控制与耐久性技术规程》（QGD-028—2020）规定：轨道交通工程混凝土配合比设计时，混凝土最大水胶比不应大于 0.45，最小胶凝材料用量不应低于 300kg/m³，其中最低水泥用量不应低于 220kg/m³。配制抗渗混凝土时最低水泥用量不宜低于 260kg/m³。

二、矿物掺和料品种选择及掺量规定

矿物掺和料的品种和等级应根据设计、施工要求以及工程所处环境条件确定，矿物掺和料在的混凝土中掺量应通过试验确定。

1. 钢筋混凝土中矿物掺和料最大掺量应符合表 3-5 的规定。

表 3-5　钢筋混凝土中矿物掺和料最大掺量

矿物掺和料种类	水胶比	最大掺量（%）	
		硅酸盐水泥	普通硅酸盐水泥
粉煤灰（F 类Ⅱ级）	≤0.40	45	30
	>0.40	40	30
粒化高炉矿渣粉	≤0.40	65	55
	>0.40	55	45
硅灰		10	10
石灰石粉/白云石粉	≤0.40	35	25
	>0.40	30	20
复合用矿物掺和料	≤0.40	65	55
	>0.40	55	45

注：1. 在采用其他通用硅酸盐水泥时，宜将水泥混合材掺量 20% 以上的混合材量计入矿物掺和料；

2. 在复合使用两种或两种以上矿物掺和料时，矿物掺和料总掺量应符合表中的规定，相应矿物掺和料的掺量不应超过各自单掺时的最大掺量；

3. F 类Ⅰ级粉煤灰单掺时的最大掺量可适当提高，但增加掺量不宜超过 5%。

2. 预应力钢筋混凝土中矿物掺和料最大掺量应符合表 3-6 的规定。

表 3-6　预应力钢筋混凝土中矿物掺和料最大掺量

矿物掺和料种类	水胶比	最大掺量（%）	
		硅酸盐水泥	普通硅酸盐水泥
粉煤灰（F类Ⅰ、Ⅱ级）	≤0.40	35	30
	>0.40	25	20
粒化高炉矿渣粉	≤0.40	55	45
	>0.40	45	35
石灰石粉/白云石粉	≤0.40	30	20
	>0.40	25	15
硅灰		10	10
复合用矿物掺和料	≤0.40	55	45
	>0.40	45	35

注：1. 在采用其他通用硅酸盐水泥时，宜将水泥混合材掺量 20% 以上的混合材量计入矿物掺和料；
　　2. 在复合使用两种或两种以上矿物掺和料时，矿物掺和料总掺量应符合表中的规定，相应矿物掺和料的掺量不应超过各自单掺时的最大掺量。

3. 实验室应根据矿物掺和料本身的性能，结合混凝土其他参数、工程特性、所处环境等因素，确定矿物掺和料品种和掺量，并符合下列规定。

（1）混凝土的水胶比较小、浇筑温度与气温较高、混凝土强度验收龄期较长时，矿物掺和料宜采用较大掺量；

（2）大体积混凝土、地下室工程混凝土、水下工程混凝土以及有抗腐蚀要求的混凝土，宜符合现行国家标准《大体积混凝土施工标准》（GB 50496）的规定，适当增加矿物掺和料的掺量；

（3）对于最小截面尺寸小于 150mm 的混凝土结构构件，矿物掺合料宜采用较小掺量；

（4）对早期强度要求较高或环境温度较低条件下施工的混凝土，矿物掺和料宜采用较小掺量。

4. 跳仓法混凝土矿物掺和料用量规定。

《超长大体积混凝土结构跳仓法技术规程》（T/CECS 640—2019）规定，跳仓法施工的混凝土宜以掺粉煤灰为主，矿粉宜少掺或不掺。掺和料的总量占胶凝材料总量的 30%～50%。矿粉占胶凝材料总量的 15% 以内。

5. C 类粉煤灰和Ⅲ级粉煤灰使用规定

C 类粉煤灰用于结构混凝土时，安定性应合格，其掺量应通过试验确定，但不应超过 T/CECS 640—2019 表 6.1.3-1 和 6.1.3-2 中 F 类Ⅱ级粉煤灰的规定限量。C 类粉煤灰不得用于硫酸盐侵蚀环境下的混凝土工程及掺加膨胀剂或防水剂的混凝土。Ⅲ级粉煤灰不得用于钢筋混凝土。

6. 白云石粉使用规定

白云石粉宜与粉煤灰、粒化高炉矿渣粉等活性矿物掺和料复合使用。Ⅱ级白云石粉不宜用于 C50 以上强度等级混凝土中。白云石粉、石灰石粉不得用于硫酸盐侵蚀环境下的混凝土工程。

三、水溶性氯离子最大含量

《混凝土结构通用规范》（GB 55008—2021）第3.1.8条规定，结构混凝土中水溶性氯离子最大含量不应超过表3-7的规定值。在计算水溶性氯离子最大含量时，辅助胶凝材料的量不应大于硅酸盐水泥的量。

表 3-7　混凝土拌和物中水溶性氯离子最大含量

环境条件	水溶性氯离子最大含量（按胶凝材料用量的质量分数，%）	
	钢筋混凝土	预应力混凝土
干燥环境	0.30	0.06
潮湿但不含氯离子的环境	0.20	
潮湿且含有氯离子的环境	0.15	
除冰盐等侵蚀性物质的腐蚀环境、盐渍土环境	0.06	

四、含气量

长期处于潮湿或水位变动的寒冷和严寒环境以及盐冻环境的混凝土应掺用引气剂。引气剂掺量应根据混凝土含气量要求经试验确定，混凝土最小含气量应符合表3-8的规定，最大不宜超过7.0%。

表 3-8　混凝土最小含气量

粗骨料最大公称粒径（mm）	混凝土最小含气量（%）	
	潮湿或水位变动的寒冷和严寒环境	盐冻环境
40.0	4.5	5.0
25.0	5.0	5.5
20.0	5.5	6.0

五、工作性

混凝土工作性应根据结构浇筑部位、施工方式和混凝土性能特点确定，应满足施工要求。在采用泵送施工时，坍落度（或扩展度）设计值宜符合表3-9的规定。

表 3-9　混凝土坍落度（或扩展度）设计值

结构浇筑部位	坍落度（或扩展度）（mm）
底板、大体积混凝土或最小尺寸大于500mm的结构	160～180（≥350）
梁、顶板	160～200（≥400）
柱、墙	180～220（≥450）
	≥220（≥500）
其他	根据施工要求确定

注：设计和施工单位可在此范围内选择一个坍落度（或扩展度）设计值，按设计值±30mm控制。

第二节　配合比设计

在实际工程中，混凝土配合比设计通常采用质量法，也可以视具体技术需要选用体积法。质量法和体积法在胶凝材料计算、用水量、砂率等参数的计算方法是一样的，两种方法设计出的配合比都要经过试验校正才能使用。质量法需要事先假定混凝土表观密度，计算过程相对简单；体积法需要事先测定胶凝材料的密度和骨料的表观密度，计算出 1m³ 混凝土的各种原材料用量，计算过程相对复杂。由于各种材料的密度不同，混凝土生产过程中进行配合比调整时，混凝土的体积也会随之产生变化。采用体积法调整配合比时仍能保持 1m³ 混凝土的用量。因此，建议具备条件的情况下，采用体积法进行混凝土配合比设计。同时鉴于体积法的准确性、复杂性，可采用 Excel 软件辅助进行配合比的设计、确定和调整，使用 Excel 函数公式减少人工计算的工作量，避免计算错误。

下面以 C30 为例，分别采用质量法和体积法进行配合比设计，配合比设计需要的各项参数见表 3-10。

表 3-10　C30 混凝土配合比设计需要的各个参数

原材料名称	碎石	天然砂	粉煤灰	矿粉	水泥	外加剂
规格/掺量	5~25mm	中砂	Ⅱ级 20%	S95级 20%	P·O 42.5	减水剂
密度/表观密度（kg/m³）	2750	2650	2300	2900	3100	1020
混凝土性能	坍落度（mm）	外加剂掺量（%）	外加剂减水率（%）	外加剂固含量（%）	假定容重（kg/m³）	环境类别
参数	220	2.0	20	15	2400	二 a

注：在进行配合比设计时，业内的通常做法是将除外加剂等材料之外的计算值取整数，外加剂由于用量少、计量精度高，计算时修约到 0.01kg/m³。

1. 确定配制强度（$f_{cu,0}$）

混凝土配制强度应根据生产管理水平及强度统计结果确定，并保证实际生产的混凝土强度满足《混凝土强度检验评定标准》（GB/T 50107—2010）的要求。按式（3-1）确定：

$$f_{cu,0} \geqslant f_{cu,k}+1.645\sigma=30+1.645\times 5.0=38.225 \qquad (3-1)$$

式中　$f_{cu,0}$——混凝土配制强度（MPa）；

　　　$f_{cu,k}$——混凝土的设计强度等级值（MPa）；

　　　σ——混凝土强度标准差（MPa）。

取值为 38.2MPa。

注：C60 及以上高强混凝土的配制强度 $f_{cu,0} \geqslant 1.15 f_{cu,k}$

1）保证率系数

参数"1.645"是混凝土强度具有不低于 95% 的保证率，即不低于 95% 合格的概率，亦即按照该配制强度生产的混凝土的强度合格率不低于 95%。混凝土强度规律符合标准正态分布，查标准正态分布表可得到不同随机变量对应的正态累积分布值（即保证率），参数 1.645 对应 95% 的保证率；参数 2.0 对应 97.72% 的保证率。用 Excel 的函数

NORMSDIST（z）（返回标准正态累积分布函数）也可快速计算保证率（图 3-1、图 3-2）。

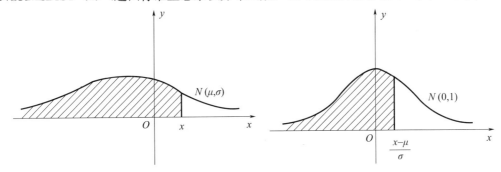

图 3-1　正态分布图　　　　　　　　　图 3-2　标准正态分布图

2）标准差 σ

σ 值代表混凝土强度的波动情况，σ 值小，说明混凝土强度稳定性好、波动小；σ 值大，说明混凝土强度稳定性差、波动大。σ 值是统计出来的，没有统计数据时，建议按表 3-11 选取，其中 C30 混凝土的标准差选取为 5.0。

表 3-11　标准差 σ 值汇总表　　　　　　　　　　　　MPa

强度等级	根据统计结果选择			无统计资料时选择
	最低标准差	实际计算值	最终取值	
C10～C20	3.0	计算值	选取最低标准差和计算值中的最大值	4.0
C25～C30	3.0	计算值		5.0
C35～C45	4.0	计算值		5.0
C50～C55	4.0	计算值		6.0

2. 确定水胶比

水胶比按式（3-2）计算：

$$W/B=\frac{\alpha_a f_b}{f_{cu,0}+\alpha_a\alpha_b f_b}$$
$$=\frac{0.53\times0.85\times1.00\times1.16\times42.5}{38.2+0.53\times0.20\times0.85\times1.00\times1.16\times42.5}=0.521 \quad (3-2)$$

式中　W/B——混凝土水胶比；

　　α_a、α_b——回归系数，按表 3-12 取值；

　　f_b——胶凝材料 28d 胶砂抗压强度（MPa）。

按"二 a"的环境类别，最大水胶比应为 0.55，根据实际历年配比和实际生产经验，选择设计用的水胶比为 0.47。

（1）α_a、α_b 根据表 3-12 分别选取为 0.53、0.20。

表 3-12　回归系数（α_a、α_b）取值表

系数	粗骨料品种	
	碎石	卵石
α_a	0.53	0.49
α_b	0.20	0.13

（2）胶凝材料 28d 胶砂抗压强度值（f_b）按式（3-3）计算：

$$f_b = \gamma_f \gamma_s f_{ce} = \gamma_f \gamma_s \gamma_c f_{ce,g} = 0.85 \times 1.00 \times 1.16 \times 42.5 = 41.905 \qquad (3-3)$$

式中　$\gamma_f \gamma_s$——粉煤灰影响系数和粒化高炉矿渣粉影响系数，按表 3-13 分别选取为 0.85、1.00。

　　　　γ_c——水泥强度等级值的富余系数，按表 3-14 选取为 1.16。

　　　　f_{ce}——水泥 28d 胶砂抗压强度（MPa）。

表 3-13　粉煤灰和粒化高炉矿渣粉影响系数

掺量（%）	种类	
	粉煤灰影响系数（γ_f）	粒化高炉矿渣粉影响系数（γ_s）
0	1.00	1.00
10	0.85～0.95	1.00
20	0.75～0.85	0.95～1.00
30	0.65～0.75	0.90～1.00
40	0.55～0.65	0.90～0.90
50		0.70～0.85

注：1. 采用 Ⅰ 级、Ⅱ 级粉煤灰宜取上限值；

　　2. 采用 S75 级粒化高炉矿渣粉宜取下限值，采用 S95 级粒化高炉矿渣粉宜取上限值，采用 S105 级粒化高炉矿渣粉可取上限值加 0.05；

　　3. 当超出表中的掺量时，粉煤灰和粒化高炉矿渣粉影响系数应经试验确定。

表 3-14　水泥强度等级值的富余系数 γ_c

水泥强度等级值	32.5	42.5	52.5
富余系数	1.12	1.16	1.1

3. 确定用水量

（1）首先根据表 3-15 选择坍落度为 90mm 时的用水量。

表 3-15　塑性混凝土的用水量　　　　　　　　　　　　　　　　　　kg/m³

拌和物稠度		卵石最大公称粒径（mm）				碎石最大公称粒径（mm）			
项目	指标	10	20	31.5	40	16	20	31.5	40
坍落度（mm）	10～30	190	170	160	150	200	185	175	165
	30～50	200	180	170	160	210	195	185	175
	55～70	210	190	180	170	220	205	195	185
	75～90	215	195	185	175	230	215	205	195

注：1. 本表用水量系采用中砂时的取值。当采用细砂时，每立方米混凝土用水量可增加 5～10kg；当采用粗砂时，可减少 5～10kg；

　　2. 当掺用矿物掺和料和外加剂时，用水量应相应调整。

碎石最大公称粒径为 25mm，在 20.0～31.5mm 之间，按内插法进行计算用水量为 190.65kg/m³。在实际操作过程中，因 25mm 为 20mm、31.5mm 中间的一个粒径级，所以可近似在 195～185 之间按中间值进行选取，为 190kg/m³。

（2）按 90mm 坍落度的用水量 190kg/m³ 为基础，按每增大 20mm 坍落度相应增加

$5kg/m^3$ 用水量来计算 220mm 坍落度时的用水量 (m'_{w0})：

$$m'_{w0} = 190.65 + \frac{220 - 90}{20} \times 5 = 223.15 \ (kg/m^3) \tag{3-4}$$

4. 掺加外加剂混凝土用水量选取

外加剂的减水率 β 为 23%。用水量按式（3-5）计算：

$$m''_{w0} = m'_{w0} \ (1 - \beta) = 223.15 \times (1 - 23\%) = 172 \ (kg/m^3) \tag{3-5}$$

式中 m''_{w0}——计算配合比每立方米混凝土的原始用水量（kg/m^3）；

m'_{w0}——未掺外加剂时推定的满足实际坍落度要求的每立方米混凝土用水量（kg/m^3）。

5. 计算胶凝材料用量 (m_{b0})

胶凝材料用量按式（3-6）计算：

$$m_{b0} = \frac{m_{w0}}{W/B} = \frac{172}{0.47} = 366 \ (kg/m^3) \tag{3-6}$$

式中 m_{b0}——计算配合比每立方米混凝土中胶凝材料用量（kg/m^3）；

m_{w0}——计算配合比每立方米混凝土的用水量（kg/m^3）；

W/B——混凝土水胶比。

6. 计算矿物掺和料用量 (m_{f0})

矿物掺和料用量按式（3-7）计算：

$$m_{f0} = m_{b0}\beta_f = 366 \times (20\% + 20\%) = 146 \ (kg/m^3) \tag{3-7}$$

式中 m_{f0}——计算配合比每立方米混凝土中矿物掺和料用量（kg/m^3）；

β_f——矿物掺和料掺量（%）。

在本配比中，掺加了 20% 粉煤灰、20% 矿粉，所以粉煤灰和矿粉的用量分别为：

矿粉用量：$m_{SL0} = m_{b0}\beta_{SL0} = 366 \times 20\% = 73.2$，取整 73（$kg/m^3$）。

粉煤灰用量：$m_{Fa0} = m_{b0}\beta_{Fa0} = 366 \times 20\% = 73.2$，取整 73（$kg/m^3$）。

7. 计算外加剂用量 (m_{a0})

外加剂用量按式（3-8）计算：

$$m_{a0} = m_{b0}\beta_a = 366 \times 2.0\% = 7.32 \ (kg/m^3) \tag{3-8}$$

式中 m_{a0}——计算配合比每立方米混凝土中外加剂用量（kg/m^3）；

m_{b0}——计算配合比每立方米混凝土中胶凝材料用量（kg/m^3）；

β_a——外加剂掺量（%），应经混凝土试验确定。

8. 计算水泥用量 (m_{c0})

水泥用量按式（3-9）计算：

$$m_{c0} = m_{b0} - m_{f0} = 366 - 73 - 73 = 220 \ (kg/m^3) \tag{3-9}$$

式中 m_{c0}——计算配合比每立方米混凝土中水泥用量（kg/m^3）。

9. 计算最终用水量 (m_{w0})

最终用水量按式（3-10）计算：

$$m_{w0} = m''_{w0} - m_{a0} \ (1 - m_{A\%}) \tag{3-10}$$
$$= 172 - 7.32 \times (1 - 15\%)$$
$$= 165.6 \ (kg/m^3)，取整 166 \ (kg/m^3)。$$

式中 m_{w0}——计算配合比每立方米混凝土中最终用水量（kg/m³）；

m''_{w0}——计算配合比每立方米混凝土的原始用水量（kg/m³）；

m_{a0}——计算配合比每立方米混凝土中外加剂用量（kg/m³）；

$m_{A\%}$——外加剂含固量掺量（%）。

注：JGJ 55—2011 上没有明确是否要扣除外加剂中的水，所以许多搅拌站在混凝土设计时未加以扣除。但液体聚羧酸外加剂的含固量一般在 10%～30% 之间，也就是说其中含有 70%～90% 的水，掺量较大时势必会影响混凝土的整体水胶比。因此建议在配合比设计计算中将其扣除。

通过试验外加剂的固含量 $m_{A\%}$，按式（3-11）计算扣除：

$$m_{w0} = m''_{w0} - m_{a0}(1 - m_{A\%}) \quad (3-11)$$

举例：某高强度等级混凝土的水胶比设计为 0.30，原始用水 160kg/m³，外加剂掺量 2.5%，外加剂用量为 13.33kg/m³，如果按固含量为 17% 计算，外加剂带入混凝土中的水为 13.33×（1-17%）=11.1（kg/m³）。这样实际的水胶比为 0.32，比设计的水胶比高 0.02。对于高强度等级混凝土，差 0.02 的水胶比，其 28d 强度大致能相差一个强度等级（表 3-16）。

表 3-16 外加剂带入的水对混凝土水胶比的影响

设计水胶比	原始用水量（kg/m³）	外加剂掺量（%）	外加剂固含量（%）	胶凝材料量（kg/m³）	外加剂用量（kg/m³）	外加剂带入的水（kg/m³）	实际水胶比	水胶比差异实际-计算
0.30	160	2.5	17	533	13.33	11.1	0.32	0.02

10. 确定砂率（β_s）

在水胶比为 0.55 时，砂率可选 0.50～0.60 水胶比范围和 20.0～40.0mm 粒径范围内选择。因每个级别的砂率选择范围很大，可按（0.50mm、20.0mm）选择高限为 34%。

设计坍落度为 220mm，则最终的砂率按式（3-12）计算为：

$$\beta_s = 34\% + \frac{220 - 60}{20} \times 1\% = 42\% \quad (3-12)$$

在实际试配中，还要通过试拌来进行工作性的调整，砂率也常常随之调整，最终确定达到最优工作性时的砂率为确定最佳砂率。必要时应进行最佳砂率试验。确定最佳砂率的试验方法为：

（1）按照配合比设计流程设计出混凝土理论配合比，假定其砂率为 β_s。

（2）对理论配合比进行试拌，调整各参数使其工作性达到最佳。

（3）在配合比的其他材料均保持不变的前提下，分别以增减 1% 的砂率确定 3 个或以上配合比，并分别以这些配合比进行试拌，记录各配合比的坍落度。

（4）以砂率为横坐标，坍落度为纵坐标，画出"砂率—坍落度"曲线，曲线的最高点所对应的砂率即为最佳砂率，即混凝土坍落度最大时的砂率为最佳砂率。

11. 计算粗细骨料用量

1）质量法计算粗细骨料

计算公式如下：

$$m_{c0} + m_{f0} + m_{s0} + m_{g0} + m_{w0} + m_{a0} = m_{cp} \quad (3-13)$$

$$\beta_s = \frac{m_{s0}}{m_{s0} + m_{g0}} \times 100\% \quad (3-14)$$

式中 m_{g0}——计算配合比每立方米混凝土的粗骨料用量（kg/m³）；

$\quad\quad m_{s0}$——计算配合比每立方米混凝土的细骨料用量（kg/m³）；

$\quad\quad \beta_s$——砂率（%）；

$\quad\quad m_{cp}$——每立方米混凝土拌和物的假定质量（kg），取 2400kg/m³。

步骤 1：由砂率公式得出 $m_{g0}=\dfrac{1-\beta_s}{\beta_s}m_{s0}=\dfrac{1-42\%}{42\%}m_{s0}$。

步骤 2：将 m_{g0} 代入方程，解此方程可求出 m_{s0} 的用量。

$$220+73+73+m_{s0}+\frac{1-42\%}{42\%}m_{s0}+166+7.32=2400$$

解得 $m_{s0}=783.32$（kg/m³），取整为 783（kg/m³）。

步骤 3：求出 $m_{g0}=1081.72$（kg/m³），取整为 1082（kg/m³）。

2）体积法计算粗细骨料

计算公式如下：

$$\frac{m_{c0}}{\rho_c}+\frac{m_{f0}}{\rho_f}+\frac{m_{s0}}{\rho_s}+\frac{m_{g0}}{\rho_g}+\frac{m_{w0}}{\rho_w}+\frac{m_{a0}}{\rho_a}+0.01\alpha=1 \qquad (3-15)$$

$$\beta_s=\frac{m_{s0}}{m_{s0}+m_{g0}}\times100\% \qquad (3-16)$$

式中 ρ_c——水泥密度（kg/m³）；

$\quad\quad \rho_f$——矿物掺和料密度（kg/m³），可按现行国家标准；

$\quad\quad \rho_g$——粗骨料的表观密度（kg/m³）；

$\quad\quad \rho_s$——细骨料的表观密度（kg/m³）；

$\quad\quad \rho_w$——水的密度（kg/m³），可取 1000kg/m³；

$\quad\quad \alpha$——混凝土含气量百分数，在不使用引气剂或引气型外加剂时，α 可取 1。

步骤 1：由砂率公式得出 $m_{g0}=\dfrac{1-\beta_s}{\beta_s}m_{s0}=\dfrac{1-42\%}{42\%}m_{s0}$；

步骤 2：将 m_{g0} 带入第一个方程，解此方程即可求出 m_{s0} 的用量。

$$\frac{220}{3100}+\frac{73}{2900}+\frac{73}{2300}+\frac{m_{s0}}{2650}+\frac{\frac{1-42\%}{42\%}m_{s0}}{2780}+\frac{166}{1000}+\frac{7.32}{1020}+0.01\times1=1$$

解得 $m_{s0}=788.17$（kg/m³），取整为 788（kg/m³）。

步骤 3：求出 $m_{g0}=1088.43$（kg/m³），取整为 1088（kg/m³）。

各种原材料的密度试验方法见表 3-17。

表 3-17 各种原材料的密度试验方法明细表

原材料	密度试验标准	现行标准号
水泥、掺和料	水泥密度测定方法	GB/T 208—2014
粗、细骨料	普通混凝土用砂、石质量及检验方法标准	JGJ 52—2006
外加剂	混凝土外加剂匀质性试验方法	GB/T 8077—2012
水	一般取 1000kg/m³	

12. 初步设计的配合比及参数

1）质量法设计的配合比（表 3-18）

表 3-18　C30 配合比（质量法）

强度等级	水胶比	砂率（%）	配合比各组分用量（kg/m³）							表观密度（kg/m³）
			水泥	矿粉	粉煤灰	砂	石	水	外加剂	
C30	0.55	42	220	73	73	781	1079	166	7.32	2399

2）体积法设计的配合比（表 3-19）

表 3-19　C30 配合比（体积法）

强度等级	水胶比	砂率（%）	配合比各组分用量（kg/m³）							表观密度（kg/m³）
			水泥	矿粉	粉煤灰	砂	石	水	外加剂	
C30	0.47	42	220	73	73	783	1082	166	7.32	2404

第三节　试拌和试配

在混凝土配合比设计完成后，需要对混凝土的工作性能、力学性能甚至耐久性能进行试拌验证。通过试拌调整配合比各个参数，确定试配用系列配合比。

应选用搅拌站实际使用的原材料，一次备足所需的量，中间避免材料变换。JGJ 55—2011 规定细骨料含水率小于 0.5%，粗骨料含水率小于 0.2%，接近于气干的状态。但从科研的角度看，可使用饱和面干状态的骨料，此时骨料与周围水的交换最少，对配合比中水的用量影响最小。

一、试拌

混凝土试拌是试配前的一项重要工作，必须充分试拌以保证下一步的试配是在最合理的配合比上进行的。

1. 试拌配合比的试验项目

JGJ 55—2011 没有明确规定试拌的具体试验项目、试验方法和评价手段。可根据实际情况，选择性地进行混凝土坍落度、扩展度及相应的经时损失、含气量及含气量经时损失、表观密度、凝结时间等试验，并根据试验结果调整外加剂掺量、砂率或者原始用水量，必要时对外加剂配方进行调整，以获得需要的混凝土工作性能。

1）出机坍落度及坍落度经时损失

混凝土的流动性能以坍落度来表示。坍落度是衡量混凝土拌和物性能的首要指标，只有坍落度满足要求才能进行下一步的强度等试验。

建议进行 1h、1.5h、2h 等坍落度经时损失试验，根据出机坍落度和坍落度经时损失结果，调整外加剂用量、外加剂配方等，以保证混凝土坍落度损失在合理的范围内。

预拌混凝土坍落度经时损失应控制在合理的范围内，不宜过大，也不宜过小。当损失过大时，混凝土浇筑时间不好控制，因工地压车或者其他问题导致混凝土在现场等待时间过长时，混凝土坍落度就会变小，从而影响浇筑；当坍落度损失过小时，大多是通过调整外加剂保坍或缓凝组分解决的，这样混凝土的敏感性就会增加，出机状态不易控制，很容易造成离析或坍落度变大。坍落度经时损失控制值的建议范围见表 3-20。

表 3-20　预拌混凝土坍落度经时损失（静态）建议控制值

混凝土坍落度经时损失值 （出机 220mm 坍落度）	1h	1.5h	2h
不大于	10mm	20mm	40mm

2）混凝土黏度

混凝土黏度应合适。高强度等级混凝土（C60 及以上）水胶比小，胶凝材料用量高，混凝土黏度一般偏大，试拌时应尽可能采取降黏措施，确保混凝土的黏度满足要求。黏度问题解决不好，实际生产时会造成搅拌时间长、放料困难，容易造成超水搅拌，水胶比增大，混凝土强度降低。黏度过大也是导致现场加水调整的原因之一，而加水则会降低混凝土结构实体强度，造成混凝土外观质量、耐久性等一系列问题。

3）扩展度及扩展度经时损失

坍落度大于 160mm 即属于大流动性混凝土，混凝土拌和物已具有一定的扩展度，因此需要对混凝土的扩展度进行测定，以更好地体现拌和物的稠度。

2. 试拌配合比的参数调整

试拌的原则是调整配合比的各项参数，使混凝土拌和物的坍落度、坍落度经时损失、黏聚性、保水性、凝结时间、含气量等性能满足设计和施工要求。

在试拌时，应保持水胶比不变，调整配合比的各项参数（如砂率、外加剂掺量、原始用水量等），必要时要求外加剂厂家对外加剂配方进行调整，以达到所需要的性能，必要时要求外加剂厂家对外加剂配方（减水、引气、保坍、缓凝等组分）进行调整。

当采用调整砂率、外加剂用量等方法都不能解决混凝土工作性等问题时，可采取调整原始用水量的措施。原始用水量提高，混凝土胶凝材料量会增加，对外加剂等原材料的要求会降低，混凝土和易性会得到改善；原始用水量降低，可以一定程度上降低混凝土的离析泌水的趋势。

混凝土的凝结时间应控制在合理的范围内，应根据当地的气候情况，来设计对应的凝结时间的混凝土配合比。根据北京地区常年的混凝土生产经验，推荐符合表 3-21 的凝结时间控制范围。

表 3-21　混凝土凝结时间推荐表

凝结时间（h）	普通混凝土	大体积混凝土	早强混凝土
初凝时间	6～8	10～12	4～6
终凝时间	8～10	12～14	6～8

注：上述凝结时间的测定是在室温 20℃±5℃的环境下测定的。

3. 配合比的校正

校正系数为混凝土拌和物表观密度与计算值之差的绝对值占计算值的比例。JGJ 55—2011 规定，当校正系数不超过 2％时，配合比可维持不变；当超过 2％时，应将配合比中每项材料均乘以校正系数。

4. 确定配合比初步参数

通过上述试验调整各参数，修正配合比，从而确定试配用的配合比，然后计算出系列的配合比进行下一步的试配。

二、试配

试配是在试拌的基础上进行混凝土各种性能检验，通过对试验结果的分析，确定各强度等级对应的水胶比。

1. 最小搅拌量

每盘混凝土试配的最小搅拌量应符合表 3-22 的规定，并不应小于搅拌机公称容量的 1/4 且不应大于搅拌机公称容量。

表 3-22 混凝土试配的最小搅拌量

粗骨料最大公称粒径（mm）	拌和物数量（L）
≤31.5	20
40.0	25

2. 系列配合比（配合比选择和计算）

JGJ 55—2011 规定采用 3 个不同的配合比（水胶比按 0.05 进行调整），用水量相同，适当增减砂率、外加剂掺量等参数，进行混凝土的试配。此方法更适合于配合比相对单一、数量较少的搅拌站。

《预拌混凝土质量管理规程》（DB11/T 385—2019）规定：预拌混凝土生产企业可采用系列配合比设计方法进行普通混凝土配合比设计与试配，并确定系列配合比备用。系列配合比设计应遵循下列方法原则：

（1）同一个系列试配用原材料应相同；

（2）配合比的用水量、砂率、矿物掺和料掺量、外加剂掺量及含气量等设计参数基本相同或按一定规律变化；

（3）试配水胶比的数量应为 3 个或 3 个以上，且间隔不宜超过 0.05；

（4）根据试配结果绘制强度-胶水比线性关系图，或确定强度-胶水比线性回归方程，回归方程的线性相关系数不宜小于 0.85；

（5）按照配制强度及生产和使用要求，在试配水胶比范围内，确定多个性能接近、相邻的强度等级的配合比。

因此，混凝土试配不必拘泥于 3 个水胶比确定一个配合比，用 3~6 个或更多的配合比进行试配，只要"试配强度-胶水比"的回归方程相关性良好，就可以在此水胶比范围内确定多个强度等级的配合比。例如：按 0.55、0.50、0.45、0.40、0.35 五个水胶比进行试配，水胶比范围为 0.55~0.35。根据试配结果可以确定该水胶比范围的多个强度等级（如 C25、C30、C35、C40、C45、C50 等）。

3. 试配配合比的试验项目

试配时进行的试验项目应包括出机坍落度、坍落度经时损失、扩展度、表观密度、水溶性氯离子含量、含气量、力学性能等，并根据情况进行长期和耐久性能验证试验。各试验项目及频率要求见表 3-23。

表 3-23 混凝土配合比试配时的试验项目

序号	试配试验项目	试验数量及要求
1	坍落度、扩展度	所有配比
2	坍落度和扩展度的经时损失试验	代表性配比
3	水溶性氯离子含量	所有配比
4	凝结时间	代表性配比
5	表观密度	所有配比
6	含气量	掺引气型外加剂混凝土必测的所有配比
7	含气量经时损失	掺引气型外加剂混凝土必测的代表性配比
8	强度等力学性能	所有配比
9	抗渗试验	至少试验最大水胶比的配比
10	补偿收缩试验	至少试验最大、最小水胶比的配比
11	抗冻融试验	至少试验最大水胶比的配比
12	其他试验（如泌水、自密实性能等其他试验）	根据试配要求和实际情况确定

注：相关的试验结果应具有具体过程，可在试配记录中填写，也可后附相应的《试验记录》。

4.《试配记录》填写

1）试配记录内容

试配记录中应详细记录试配过程中混凝土拌和物出机坍落度、坍落度经时损失、扩展度、表观密度、水溶性氯离子含量等相关性能指标，并对混凝土的工作性进行简要描述。有含气量要求的还应测定含气量指标。

试配记录中应有原材料试验编号，登记各试验参数，建议单独附上相应的原材料试验记录。

2）注意事项

工作性判断：试配记录中应对混凝土工作性进行判断和描述。详细记录混凝土试配的状态及工作性，对追溯混凝土试配过程、分析混凝土出现问题的原因有重要作用，有利于预拌混凝土的质量控制。

判断是否需要校正：应根据表观密度试验结果，计算校正系数是否符合要求，如果超出±2%的范围应进行校正。

含气量试验：应按标准方法试验。

第四节 配合比确定

JGJ 55—2011 标准规定，根据 3 个不同水胶比进行的强度试验结果，绘制强度和胶水比的线性关系图或插值法，确定略大于配制强度对应的胶水比，计算出最终的理论配合比。对耐久性有设计要求的混凝土，应进行相关耐久性试验验证。

一、绘图法确定配合比

（1）如图 3-3 所示，选择数据区域 C2∶D7，单击进入【插入】选项卡，单击【散点图】下拉按钮，选择第一个图形格式【仅带数据标记的散点图】，即在 Excel 空白区域出现了如图 3-3 所示的线性关系图。横坐标为胶水比，纵坐标为强度。

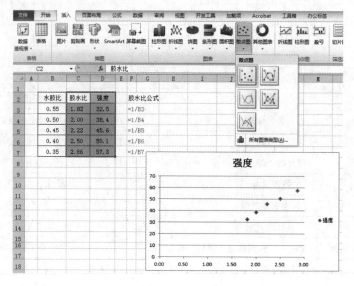

图 3-3　仅带数据标记的散点图

（2）单击强度-胶水比线性关系图，出现【图表工具】选项卡，单击【布局】→【趋势线】→【线性趋势线】命令（图 3-4），图中即出现一条线性关系直线（图 3-5）。可以通过该直线选择各配制强度对应的水胶比。通过调整图形大小或者坐标数据范围，来调整图形的大小，方便取值。

图 3-4　线性趋势线选择

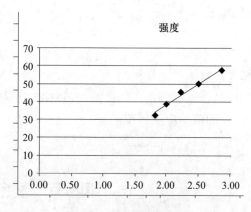

图 3-5　形成线性趋势线

二、线性回归方程法确定配合比

在一定的水胶比范围内，强度和胶水比呈线性关系。可利用 Excel 函数或趋势线功能对强度-胶水比系列数据进行回归，确定"强度-胶水比"线性回归方程。通过相关系数 r 来确定二者的线性相关性（建议 r 大于 0.85 时方可使用）。

1. Excel 函数法

斜率函数 SLOPE：求得线性方程的斜率，即参数 a。

截距函数 INTERCEPT：求得线性方程的截距，即参数 b。

相关系数函数 CORREL：求得方程的相关系数 r。

将水胶比和强度的数据放置在“B3∶C7”单元格区域中，“D3∶D7”单元格区域计算出胶水比。以强度为纵坐标 y 轴，胶水比为横坐标 x 轴，按图 3-6 所示进行回归方程的计算。最后在 C13 单元格中利用 IF 函数进行了判断，一次性取得回归方程。

	A	B	C	D	E	F	G	H
1								
2		水胶比	胶水比	强度				
3		0.55	1.82	32.5	=1/B3			
4		0.50	2.00	38.4	=1/B4			
5		0.45	2.22	45.6	=1/B5			
6		0.40	2.50	50.1	=1/B6			
7		0.35	2.86	57.3	=1/B7			
8								
9		斜率a	23.365	=SLOPE(D3:D7,C3:C7)				
10		截距b	-8.480	=INTERCEPT(D3:D7,C3:C7)				
11		相关系数r	0.989	=CORREL(C3:C7,D3:D7)				
12		回归方程	fcu,0=	23.37	C/W		-8.48	
13	回归方程(自动)		fcu,0=23.365 C/W -8.48					
14–16			=IF(C11<0.85,"相关系数超标，改组数据作废。","fcu,0="&ROUND(C9,3)&" C/W "&IF(C10<0,ROUND(C10,3),"+"&ROUND(C10,3)))					

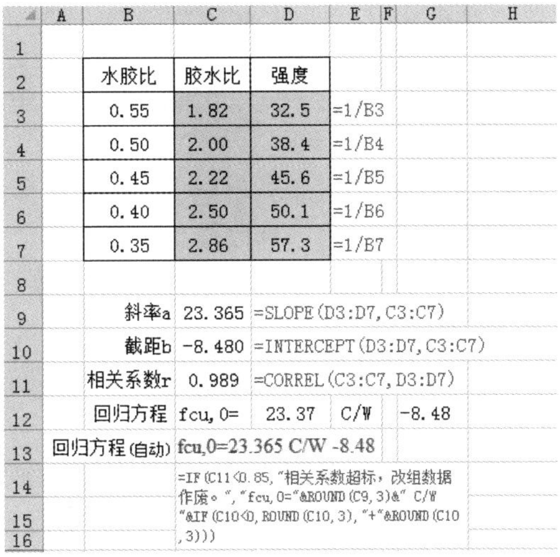

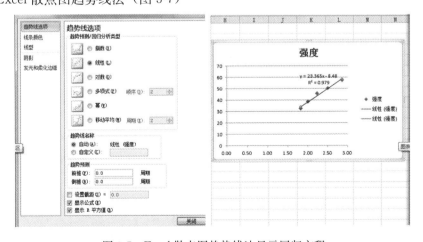

图 3-6　Excel 函数拟合方程

注解：相关系数 r 是衡量两个变量线性相关密切程度的量，是变量之间相关程度的指标。样本相关系数用 r 表示，总体相关系数用 ρ 表示，相关系数的取值范围为 $[-1, 1]$。$|r|$ 值越大，误差 Q 越小，变量之间的线性相关程度越高；$|r|$ 值越接近 0，Q 越大，变量之间的线性相关程度越低。$r>0$ 为正相关，$r<0$ 为负相关。$r=0$ 表示不相关；通常 $|r|>0.8$ 时，认为两个变量有很强的线性相关性。【为了保证方程的相关性，本书将相关系数定为大于 0.85。】

2. Excel 散点图趋势线法（图 3-7）

图 3-7　Excel 散点图趋势线法显示回归方程

第五节　配合比使用

一、配合比审批

混凝土配合比经试验验证符合设计要求后，经技术负责人书面批准后备用。审批表中应标明使用的起始日期，并加盖技术部门印章。

二、配合比使用

生产使用配合比由于与试配时的条件不同，可能出现一些异常情况，因此首次使用时应进行开盘鉴定。

开盘鉴定应由技术负责人组织有关试验、质检、生产人员参加。对配合比进行适当调整，并对出现的问题及时解决，待混凝土性能满足施工要求，方可连续生产。

三、配合比调整

配合比在使用过程中，应根据原材料情况和混凝土质量检验的结果确定是否需要调整。

配合比调整方案应经过试验验证，调整内容及调整人员须经技术负责人书面授权批准，《授权书》宜包括砂率、外加剂掺量、砂石含水率、水等调整范围，并加盖单位公章。

四、重新试配的情况

根据 JGJ 55—2011 的规定，当水泥、外加剂、矿渣粉等原材料品种、质量有显著变化时，应重新进行配合比设计。

（1）当水泥、外加剂等关键原材料变化时，需要重新进行试配。

（2）矿物掺和料种类或等级变化；砂种类或级配区变化；石子种类或公称粒径变化；上述情况需要重新进行试配。

（3）矿物掺和料厂家变化，但矿物掺和料种类和等级等指标均不变时；砂厂家变化，但砂种类和级配区等指标均不变时；石厂家变化，但石子种类、公称粒径等指标均不变时，可从常用系列配合比中选择有代表性的配合比进行试拌（试配）验证，确保性能差异不大后，可不用对所有系列配比重新进行试配。

第四章　混凝土拌和物性能试验

混凝土在未凝结硬化之前，称为混凝土拌和物或新拌混凝土。预拌混凝土是以拌和物的状态交付给客户。因此，混凝土必须具有良好的和易性，便于施工，且保证能获得均匀、密实的实体结构。除了工作性外，拌和物的其他性能如表观密度、含气量、凝结时间及氯离子含量等对混凝土力学和耐久性能也具有重要意义。因此，混凝土拌和物性能试验是预拌混凝土出厂质量的关键检测手段，也是预拌混凝土企业试验人员必须掌握的重要技能。

第一节　混凝土拌和物的取样与试样制备

为保证混凝土拌和物性能满足工程需要，规范和统一普通混凝土拌和物性能试验方法，提高试验技术水平，混凝土拌和物性能试验应按《普通混凝土拌合物性能试验方法标准》（GB/T 50080—2016）规定的方法进行。

一、拌和物的取样

GB/T 50080—2016 规定了拌和物试验的取样方法及取样数量。

（1）同一组混凝土拌和物的取样，应在同一盘混凝土或同一车混凝土中取样。取样量应多于试验所需量的 1.5 倍，且不宜小于 20L。

（2）混土拌和物的取样应具有代表性，宜采用多次采样的方法。宜在同一盘混凝土或同一车混凝土中的 1/4 处、1/2 处和 3/4 处分别取样，并搅拌均匀；第一次取样和最后一次取样的时间间隔不宜超过 15min。

（3）宜在取样后 5min 内开始各项性能试验。

二、试验室制备混凝土拌和物的试样

（1）混凝土拌和物应采用搅拌机搅拌，搅拌前应将搅拌机冲洗干净，并预拌少量同种混凝土拌和物或水胶比相同的砂浆，搅拌机内壁挂浆后将剩余料卸出；

（2）称好的粗骨料、胶凝材料、细骨料和水应依次加入搅拌机，难溶和不溶的粉状外加剂宜与胶凝材料同时加入搅拌机，液体和可溶外加剂宜与拌和水同时加入搅拌机；

（3）混凝土拌和物宜搅拌 2min 以上，直至搅拌均匀；

（4）混凝土拌和物一次搅拌量不宜少于搅拌机公称容量的 1/4，不应大于搅拌机公称容量，且不应少于 20L；

（5）在试验室搅拌混凝土时，材料用量应以质量计。骨料的称量精度应为 $\pm 0.5\%$；水泥、掺和料、水、外加剂的称量精度均应为 $\pm 0.2\%$。

三、注意事项

（1）混凝土拌和物的取样方法及取样数量，预拌混凝土企业在混凝土出厂或现场验收取样时，可根据企业或工程的实际情况自行规定，但应保证样品的匀质性和代表性。如有争议按标准规定方法进行取样。

（2）骨料最大公称粒径应符合现行行业标准《普通混凝土用砂、石质量及检验方法标准》（JGJ 52）的规定。

（3）试验环境相对湿度不宜小于50%，温度应保持在20℃±5℃；所用材料、试验设备、容器及辅助设备的温度宜与试验室温度保持一致。在进行现场试验时，应避免混凝土拌和物试样受到风、雨雪及阳光直射的影响。

（4）在制作混凝土拌和物性能试验用试样时，所采用的搅拌机应符合现行行业标准《混凝土试验用搅拌机》（JG/T 244）的规定。

（5）试验设备使用前应经过校准。

第二节　坍落度与扩展度试验

和易性（又称工作性）是指混凝土拌和物易于施工（拌和、运输、浇筑、振捣）并获得均匀、成型密实的混凝土结构的性能。和易性是一项综合的技术指标，包括流动性、黏聚性和保水性三方面的含义[4]。

流动性是指混凝土拌和物在本身自重或施工机械振捣下，克服内部阻力和与模板、钢筋之间的阻力，产生流动，并均匀密实地填充模板的能力[4]。

黏聚性是指混凝土拌和物具有一定的黏聚力，在施工、运输及浇筑过程中，不致出现分层离析使混凝土保持整体匀质性的能力[4]。

保水性是指混凝土拌和物具有一定的保水能力，在施工中不致产生严重的泌水现象[4]。

混凝土拌和物的流动性、黏聚性和保水性三者之间相互联系又相互矛盾，并且互为因果。如黏聚性好则保水性一般也较好，但流动性可能较差。当增大流动性时，如果原材料或配合比不适宜，黏聚性和保水性容易变差。因此拌和物的和易性是三方面性能的总和，直接影响混凝土施工性能，同时对硬化混凝土的安全性、耐久性及外观有着重要影响，是混凝土拌和物的重要性能。

到目前为止，混凝土拌和物的和易性还没有一个综合的测定指标来衡量。由于坍落度及扩展度试验方法简便易行，因此在预拌混凝土的质量控制及验收中通常采用坍落度及扩展度试验方法检测混凝土流动性。尽管拌和物的黏聚性和保水性有量化的检测方法，但不适用于日常质量控制及验收，在实际施工中，主要通过目测观察进行。

一、试验目的

坍落度及扩展度试验检测混凝土拌和物流动性能，同时通过目测观察拌和物的黏聚性和保水性。

二、坍落度试验

（1）本试验方法宜用于骨料最大公称粒径不大于 40mm、坍落度不小于 10mm 的混凝土拌和物坍落度的测定。

（2）坍落度试验的试验设备应符合下列规定：

① 坍落度仪由坍落度筒、漏斗、标尺、捣棒组成（图 4-1），应符合《混凝土坍落度仪》（JG/T 248—2009）的规定；

图 4-1　坍落度测定仪

② 应配备 2 把钢尺，钢尺的量程不应小于 300mm，分度值不应大于 1mm；

③ 底板应采用平面尺寸不小于 1500mm×1500mm、厚度不小于 3mm 的钢板，其最大挠度不应大于 3mm。

（3）坍落度试验应按下列步骤进行。

① 坍落度筒内壁和底板应润湿无明水；底板应放置在坚实水平面上，并把坍落度筒放在底板中心，然后用脚踩住两边的脚踏板，坍落度筒在装料时应保持在固定的位置；

② 混凝土拌和物试样应分 3 层均匀地装入坍落度筒内，每装一层混凝土拌和物，应用捣棒由边缘到中心按螺旋形均匀插捣 25 次，捣实后每层混凝土拌和物试样高度约为筒高的三分之一；

③ 在插捣底层时，捣棒应贯穿整个深度，在插捣第二层和顶层时，捣棒应插透本层至下一层的表面；

④ 顶层混凝拌和物装料应高出筒口，在插捣过程中，混凝土拌和物低于筒口时，应随时添加；

⑤ 在顶层插捣完后，取下装料漏斗，应将多余混凝土拌和物刮去，并沿筒口抹平；

⑥ 除筒边底板上的混凝土后，应垂直平稳地提起坍落度筒，并轻放于试样旁边；当试样不再继续坍落或坍落时间达 30s 时，用钢尺测量出筒高与坍落后混凝土试体最高点之间的高度差，作为该混凝土拌和物的坍落度值。

（4）坍落度筒的提离过程宜控制在 3～7s；从开始装料到提坍落度筒的整个过程应连续进行，并应在 150s 内完成。

（5）将坍落度筒提起后混凝土发生一边崩坍或剪坏现象时，应重新取样另行测定；

第二次试验仍出现一边崩塌或剪坏现象，应予记录说明。

（6）混凝土拌和物坍落度值测量应精确至1mm，结果应修约至5mm（图4-2）。

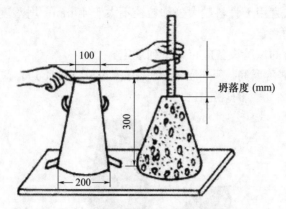

图4-2　混凝土拌和物坍落度测定

（7）坍落度试验表征流动性大小，同时可以观测黏聚性和保水性。一般主体崩塌或在振捣棒敲击下崩塌视为黏聚性不好。根据浆体边缘析浆程度来评价保水性。

三、坍落度经时损失试验

（1）本试验方法可用于混凝土拌和物的坍落度随静置时间变化的测定。

（2）坍落度经时损失试验的试验设备与坍落度试验相同。

（3）坍落度经时损失试验应按下列步骤进行：

① 应测量出机时的混凝土拌和物的初始坍落度值 H_0；

② 将全部混凝土拌和物试样装入塑料桶或不被水泥浆腐蚀的金属桶内，应用桶盖或塑料薄膜密封静置；

③ 自搅拌加水开始计时，静置60min后应将桶内混凝土拌和物试样全部倒入搅拌机内，搅拌20s，进行坍落度试验，得出60min坍落度值 H_{60}；

④ 计算初始坍落度值与60min坍落度值的差值，可得到60min混凝土坍落度经时损失试验结果。

（4）当工程要求调整静置时间时，则应按实际静置时间测定并计算混凝土坍落度经时损失。

四、扩展度试验

（1）本试验方法宜用于骨料最大公称粒径不大于40mm、坍落度不小于160mm混凝土扩展度的测定。

（2）扩展度试验的试验设备应符合下列规定：

① 坍落度仪应符合现行行业标准《混凝土坍落度仪》（JG/T 248）的规定；

② 钢尺的量程不应小于1000mm，分度值不应大于1mm；

③ 底板应采用平面尺寸不小于1500mm×1500mm、厚度不小于3mm的钢板，其最大挠度不应大于3mm。

（3）扩展度试验应按下列步骤进行。

① 试验设备准备、混凝土拌和物装料和插捣与坍落度试验相同；

② 清除筒边底板上的混凝土后，应垂直平稳地提起坍落度筒，坍落度筒的提离过程宜控制在 3～7s；当混凝土拌和物不再扩散或扩散持续时间已达 50s 时，应使用钢尺测量混凝土拌和物展开扩展面的最大直径以及与最大直径呈垂直方向的直径；

③ 当两直径之差小于 50mm 时，应取其算术平均值作为扩展度试验结果；当两直径之差不小于 50mm 时，应重新取样另行测定。

（4）发现粗骨料在中央堆集或边缘有浆体析出时，应记录说明。

（5）扩展度试验从开始装料到测得混凝土扩展度值的整个过程应连续进行，并应在 4min 内完成。

（6）混凝土拌和物扩展度值测量应精确至 1mm，结果修约至 5mm。

五、扩展度经时损失试验

（1）本试验方法可用于混凝土拌和物的扩展度随静置时间变化的测定；

（2）扩展度经时损失试验的试验设备与扩展度试验相同；

（3）扩展度经时损失试验应按下列步骤进行。

① 应测量出机时的混凝土拌和物的初始扩展度值 L_0；

② 将全部的混凝土拌和物试样装入塑料桶或不被水泥浆腐蚀的金属桶内，应用桶盖或塑料薄膜密封静置；

③ 自搅拌加水开始计时，静置 60min 后应将桶内混凝土拌和物试样全部倒入搅拌机内，搅拌 20s，即进行扩展度试验，得出 60min 扩展度值 L_{60}；

④ 计算初始扩展度值与 60min 扩展度值的差值，可得到 60min 混凝土扩展度经时损失试验结果；

⑤ 当工程要求调整静置时间时，则应按实际静置时间测定并计算混凝土扩展度经时损失。

六、注意事项

（1）试验仪器及试验条件的标准化：保证坍落度筒不变形、筒内壁不沾有混凝土、使用标准的插捣棒、底板应使用钢板或者不吸水的材质，不应使用卷尺测量坍落度。

（2）试验前应润湿坍落度筒和底板，润湿后坍落度筒和底板上不能有积水，均匀分 3 层装料、插捣次数满足标准要求，提起坍落度筒时应缓慢匀速。混凝土试体不应出现严重向一边倾斜。

（3）样品应具有代表性。

在搅拌站或现场条件下，试验人员经常在混凝土罐车未进行充分搅拌的情况下进行取样，且取样量不足，混凝土的匀质性差，不具代表性；取样后长距离运至试验地点，混凝土经长时间颠簸振荡，表面会出现大量浮浆，在小推车内很难人工搅拌均匀，这种情况下直接用锹或铲捞取混凝土进行试验，试验结果严重偏离真实值。

（4）混凝土离析时的坍落度。

在混凝土离析状态下进行坍落度试验，在坍落下来的混凝土中间有石子堆积，这时的坍落度是不真实的，无法准确反映混凝土状态。

第三节　凝结时间试验

混凝土凝结时间分为初凝和终凝。当混凝土刚开始失去塑性叫作初凝，当混凝土完全失去塑性就叫作终凝。混凝土的凝结时间和水泥的凝结时间有关。对普通水泥而言，初凝不小于 45min，终凝不迟于 10h。混凝土的凝结时间长于水泥，以保证混凝土运输、浇筑及振捣等施工工艺的顺利进行。在标准条件测试环境中，预拌混凝土的初凝时间一般大于 8h，终凝时间大于 10h。因混凝土凝结时间受温度影响较大，施工现场混凝土凝结时间与标准条件下试验数据存在较大差异。标准条件下检测的凝结时间主要用于对比不同配合比的凝结时间差异，用于配合比设计与优化。现场施工条件下检测的混凝土凝结时间用于指导施工进程。混凝土标准条件下或施工现场条件下的具体凝结时间按施工需要由供需双方协商确定。

一、试验目的

用贯入阻力法测定坍落度值不为零的混凝土拌和物的初凝时间与终凝时间，用于配合比设计与优化或作为指导施工进程的参考技术指标。

二、试验设备

（1）贯入阻力仪的最大测量值不应小于 1000N，精度应为 ±10N；测针长 100mm，在距贯入端 25mm 处应有明显标记；测针的承压面积应为 100mm²、50mm² 和 20mm² 3 种（图 4-3）；

图 4-3　贯入阻力仪

（2）砂浆试样筒应为上口内径 160mm，下口内径 150mm. 净高 150mm 刚性不透水的金属圆筒，并配有盖子；

（3）试验筛应为筛孔公称直径为 5.00mm 的方孔筛，并应符合现行国家标准《试验筛 技术要求和检验 第 2 部分：金属穿孔板试验筛》（GB/T 6003.2）的规定；

（4）振动台应符合现行行业标准《混凝土试验用振动台》（JG/T 245）的规定；

（5）捣棒直径为 16mm±0.2mm，长度 600mm±5mm，端部应呈圆形。

三、混凝土拌和物凝结时间试验步骤

（1）应用试验筛从混凝土拌和物中筛出砂浆，然后将筛出的砂浆搅拌均匀；将砂浆一次分别装入 3 个试样筒中。取样混凝土坍落度不大于 90mm 时，宜用振动台振实砂浆；当取样混凝土坍落度大于 90mm 时，宜用捣棒人工捣实。当用振动台振实砂浆时，振动应持续到表面出浆为止，不得过振；用捣棒人工捣实时，应沿螺旋方向由外向中心均匀插捣 25 次，然后用橡皮锤敲击筒壁，直至表面插捣孔消失为止。当振实或插捣后，砂浆表面宜低于砂浆试样筒口 10mm，并应立即加盖。

（2）砂浆试样制备完毕，应置于温度为 20℃±2℃ 的环境中待测，并在整个测试过程中，环境温度应始终保持 20℃±2℃。在整个测试过程中，除在吸取泌水或进行贯入试验外，试样筒应始终加盖。在现场同条件测试时，试验环境应与现场一致。

（3）凝结时间测定从混凝土搅拌加水开始计时。根据混凝土拌和物的性能，确定测针试验时间，以后每隔 0.5h 测试一次，在临近初凝和终凝时，应缩短测试间隔时间。

（4）在每次测试前 2min，将一片 20mm±5mm 厚的垫块垫入筒底一侧使其倾斜，用吸液管吸去表面的泌水，吸水后应复原。

（5）测试时，将砂浆试样筒置于贯入阻力仪上，测针端部与砂浆表面接触，应在 10s±2s 内均匀地使测针贯入砂浆 25mm±2mm 深度，记录最大贯入阻力值，精确至 10N；记录测试时间，精确至 1min。

（6）每个砂浆筒每次测 1～2 个点，各测点的间距不应小于 15mm，测点与试样筒壁的距离不应小于 25mm。

（7）每个试样的贯入阻力测试不应少于 6 次，直至单位面积贯入阻力大于 28MPa 为止。

（8）根据砂浆凝结状况，在测试过程中应以测针承压面积从大到小顺序更换测针，更换测针应按表 4-1 的规定选用。

表 4-1　测针选用规定表

单位面积贯入阻力（MPa）	0.2～3.5	3.5～20	20～28
测针面积（mm²）	100	50	20

四、计算方法

单位面积贯入阻力的结果计算以及初凝时间和终凝时间的确定应按下列方法进行。

（1）单位面积贯入阻力应按式（4-1）计算：

$$f_{PR} = P/A \tag{4-1}$$

式中　f_{PR}——单位面积贯入阻力（MPa），精确至 0.1MPa；

　　　P——贯入阻力（N）；

　　　A——测针面积（mm²）。

（2）凝结时间按式（4-2）通过线性回归方法确定；根据式 4-2 可求得当单位面积贯入阻力为 3.5MPa 时对应的时间应为初凝时间，单位面积贯入阻力为 28MPa 时对应的时间应为终凝时间。

$$\ln t = a + b\ln f_{PR} \qquad\qquad (4\text{-}2)$$

式中　　t——单位面积贯入阻力对应的测试时间（min）；

　　a、b——线性回归系数。

（3）凝结时间也可用绘图拟合方法确定，应以单位面积贯入阻力为纵坐标，测试时间为横坐标，绘制出单位面积贯入阻力与测试时间之间的关系曲线；分别以 3.5MPa 和 28MPa 绘制两条平行于横坐标的直线，与曲线交点的横坐标应分别为初凝时间和终凝时间；凝结时间结果应用 h：min 表示，精确至 5min。

（4）应以 3 个试样的初凝时间和终凝时间的算术平均值作为此次试验初凝时间和终凝时间的试验结果。3 个测值的最大值或最小值中有一个与中间值之差超过中间值的 10％时，应以中间值作为试验结果；最大值和最小值与中间值之差均超过中间值的 10％时，应重新试验。

五、注意事项

（1）不得配制同配合比的砂浆来代替，用同配合比的砂浆的凝结时间会比混凝土的凝结时间长得多。

（2）环境温度及湿度对混凝土的凝结时间影响较大，有一个稳定的测试环境，是保证凝结时间测试精度的必要条件。在现场同条件测试时，应避免阳光直射，以免试样桶内的温度超过现场环境温度。

（3）测针试验开始时间随各种拌和物的性能不同而不同，一般情况下，基准混凝土在 3～4h、掺早强剂的混凝土在 1～2h、掺缓凝剂的混凝土在 6～8h 后开始用测针测试。

（4）试验过程比较烦琐，且限制条件较多，结果确定过程复杂，适用性较差。建议企业技术人员建立 Excel 自动模式确定凝结时间。

（5）全自动混凝土凝结时间测定仪技术已经成熟，有条件的企业可以尝试采用全自动混凝土凝结时间测定仪测定混凝土凝结时间，这样可以最大程度消除人为误差。

（6）多数预拌混凝土企业与施工现场凝结时间试验采用观察法。用观察试块的硬化过程来粗略判断凝结时间，虽然做法相对粗糙，但用于生产过程中的配合比调整还是有一定借鉴意义的。

第四节　水溶性氯离子含量试验

混凝土主要由水泥、矿物掺和料、骨料、水和外加剂等原材料组成，混凝土拌制过程中引入的氯离子和在服役过程中受到氯离子的侵蚀，均会使混凝土含有氯离子，当混凝土中氯离子含量，尤其是水溶性氯离子超过一定浓度时就会引起钢筋的锈蚀，直接危害混凝土结构的耐久性和安全性。

混凝土中的氯离子可以分为两大类，一类氯离子在混凝土孔隙溶液中仍保持游离状态，称为自由氯离子，可溶于水；另一类氯离子是结合氯离子。混凝土中氯离子包括自由氯离子和结合氯离子，其中结合氯离子又包括化学结合方式固化的氯离子和被水泥带正电的水化物所吸附的氯离子。这里水溶性氯离子指混凝土中可用水溶出的自由氯离子。

预拌混凝土企业采用《混凝土中氯离子含量检测技术规程》(JGJ/T 322—2013)中规定附录 A"混凝土拌和物中水溶性氯离子含量快速测试方法"测定水溶性氯离子含量，方便高效，更适合混凝土拌和物的出厂检验。

一、试验目的

由于混凝土中的水溶性氯离子含量的高低会直接影响钢筋混凝土结构的耐久性，造成严重的工程质量问题甚至酿成事故。因此，应在配合比设计阶段和生产施工过程中控制检测混凝土拌和物中水溶性氯离子含量。

同一配合比的混凝土，至少检测 1 次拌和物中水溶性氯离子含量。当原材料发生变化时，应重新对混凝土拌和物中水溶性氯离子含量进行检测。对于海砂混凝土来说，当海砂砂源批次改变时，也应重新检测新拌海砂混凝土中水溶性氯离子含量。

混凝土拌和物中水溶性氯离子含量快速测试方法适用于现场或试验室的混凝土拌和物中水溶性氯离子含量的快速测定。

二、取样与样品制备

(1)用于水溶性氯离子含量检验的拌和物应随机地在同一搅拌车或同一盘混凝土中取样，才能代表该基本单位的混凝土，但不宜在首车或首盘混凝土中取样。从搅拌车中取样时应使混凝土充分搅拌均匀，取样应自加水搅拌 2h 内完成。

(2)取样数量应至少为检测试验室际用量的 2 倍，且不应少于 3L，以免影响取样的代表性和试验的可操作性。

(3)样品制备。

1)检测应采用筛孔公称直径为 5.00mm 的筛子对混凝土拌和物进行筛分，获得不少于 1000g 的砂浆，称取 500g 砂浆试样两份，并向每份砂浆试样加入 500g 蒸馏水，充分摇匀后获得两份悬浊液密封备用。

2)当两份悬浊液分别摇匀后，以快速定量滤纸过滤，获取两份滤液，每份滤液均不少于 100mL。滤液的获取应自混凝土加水搅拌 3h 内完成。并应分取不少于 100mL 的滤液密封以备仲裁，用于仲裁的滤液保存时间应为一周。

(4)注意事项。

1)雨天取样应有防雨措施；

2)取样后，应立即用筛孔公称直径为 5.00mm 的筛子进行筛分，否则时间越长筛分离的难度越大；

3)应测试混凝土温度及环境温度。

三、试验仪器与试剂

1. 试验用仪器设备应符合下列规定

(1)氯离子选择电极：测量范围宜为 $5 \times 10^{-5} \sim 1 \times 10^{-2}$ mol/L；响应时间不得大于 2min；温度宜为 $5 \sim 45℃$。

(2)参比电极：应为双盐桥饱和甘汞电极。

(3)电位测量仪器：分辨值应为 1mV 的酸度计、恒电位仪、伏特计或电位差计，输入阻抗不得小于 7MΩ。

（4）系统测试的最大允许误差应为 ±10%。

2. 试验用试剂应符合下列规定

（1）活化液：应使用浓度为 0.001mol/L 的 NaCl 溶液。

（2）标准液：应使用浓度分别为 5.5×10^{-4} mol/L 和 5.5×10^{-3} mol/L 的 NaCl 标准溶液，或者试验设备规定浓度的标准液。

四、试验步骤

1. 建立电位-氯离子浓度关系曲线

（1）氯离子选择电极应放入活化液中活化 2h；

（2）应将氯离子选择电极和参比电极插入温度为 20℃±2℃、浓度为 5.5×10^{-4} mol/L 的 NaCl 标准液中，经 2min 后，应采用电位测量仪测得两电极之间的电位值（图 4-4）；然后应按相同操作步骤测得温度为 20℃±2℃、浓度为 5.5×10^{-3} mol/L 的 NaCl 标准液的电位值。应将分别测得的两种浓度 NaCl 标准液的电位值标在 E-lgC 坐标上，其连线即为电位-氯离子浓度关系曲线；

（3）在测试每个 NaCl 标准液电位值前，均应采用蒸馏水对氯离子选择电极和参比电极进行充分清洗，并用滤纸擦干；

（4）当标准液温度超出 20℃±2℃ 时，应对电位-氯离子浓度关系曲线进行温度校正。

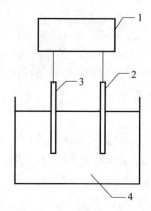

图 4-4　电位值测量示意图

1—电位测量仪；2—氯离子选择电极；3—参比电极；4—标准液或滤液

2. 氯离子浓度试验步骤

（1）试验前应先将氯离子选择电极浸入活化液中活化 1h；

（2）应将按本节样品制备的规定获得的两份悬浊液分别摇匀后，以快速定量滤纸过滤，获取两份滤液，每份滤液均不少于 100mL；

（3）应分别测量两份滤液的电位值：将氯离子选择电极和参比电极插入滤液中，经 2min 后测定滤液的电位值；测量每份滤液前应采用蒸馏水对氯离子选择电极和参比电极进行充分清洗，并用滤纸擦干；应分别测量两份滤液的温度，并对建立的电位-氯离子浓度关系曲线进行温度校正；

（4）应根据测定的电位值，分别从 E-lgC 关系曲线上推算两份滤液的氯离子物质的量浓度，并应将两份滤液的氯离子浓度的平均值作为滤液的氯离子浓度的测定结果。

五、结果计算

1. 每立方米混凝土拌和物中水溶性氯离子的质量应按式（4-3）计算

$$m_{Cl^-} = C_{Cl^-} \times 0.03545 \times (m_B + m_S + 2m_W) \tag{4-3}$$

式中 m_{Cl^-}——每立方米混凝土拌和物中水溶性氯离子质量（kg），精确至 0.01kg；

$\quad\quad C_{Cl^-}$——滤液的氯离子浓度（mol/L）；

$\quad\quad m_B$——混凝土配合比中每立方米混凝土的胶凝材料用量（kg）；

$\quad\quad m_S$——混凝土配合比中每立方米混凝土的砂用量（kg）；

$\quad\quad m_W$——混凝土配合比中每立方米混凝土的用水量（kg）。

2. 混凝土拌和物中水溶性氯离子含量占水泥质量的百分比应按式（4-4）计算

$$\omega_{Cl^-} = \frac{m_{Cl^-}}{m_c} \times 100 \tag{4-4}$$

式中 ω_{Cl^-}——混凝土拌和物中水溶性氯离子占水泥质量的百分比（%），精确至 0.001%；

$\quad\quad m_c$——混凝土配合比中每立方米混凝土的水泥用量（kg）。

六、检测方法与结果评定

（1）混凝土拌和物中水溶性氯离子含量可采用 JGJ/T 322—2013 中规定附录 A 混凝土拌和物中水溶性氯离子含量快速测试方法和附录 B 混凝土拌和物中水溶性氯离子含量测试方法两种方法进行检测，也可采用精度更高的测试方法进行检测；当作为验收依据或存在争议时，应采用附录 B 混凝土拌和物中水溶性氯离子含量测试方法的方法进行检测。

（2）当采用快速测试方法检测混凝土拌和物中水溶性氯离子含量时，每个混凝土试样检测前均应重新标定电位-氯离子浓度关系曲线。

（3）混凝土拌和物中水溶性氯离子含量，可表示为水泥质量的百分比，也可表示为单方混凝土中水溶性氯离子的质量。

（4）混凝土拌和物中水溶性氯离子含量应符合国家标准《混凝土质量控制标准》（GB 50164—2011）、《预拌混凝土》（GB/T 14902—2012）和《海砂混凝土应用技术规范》（JGJ 206—2010）的有关规定。

七、注意事项

（1）试验时应保持试验环境温度在 20℃±2℃，校准溶液、待测滤液与电极在同一室温下放置到同样温度；避免阳光直射，最好在恒定光照条件下测量。混凝土中的氯离子浓度较低，温度的变化对试验结果造成较大影响，试验时如果标准液、待测溶液温度超过 20℃±2℃，需对建立电位-氯离子浓度关系曲线进行校正。因此，在标定或测试前应测试标液及待检溶液温度。

（2）严禁用手指接触电极的下半部分，以保持电极放在溶液中的部分不受污染，否则会影响测量数据的准确性。

（3）在标定或测量时，在更换标定溶液或待测溶液前要用蒸馏水清洗，并用滤纸擦干，确保数据准确。

（4）电极校准过程对测量的精确度起着重要的作用，需按照校准溶液由稀到浓的顺序校准（依据设备提示完成）。标定溶液校准前必须严格清洗电极，清洗用的蒸馏水不能重复使用。

（5）在测量时，溶液需漫过电极下端 2cm；要保证两个电极的相对位置固定，并排靠拢放置。

（6）标准上规定采用测得两种浓度 NaCl 标准液的电位值标在 E-lgC 坐标上，其连线即为电位-氯离子浓度关系曲线；为使试验数据更准确，建议采用 4 个浓度 NaCl 标准液的电位值进行曲线拟合。

（7）对于配置有自动氯离子含量快速测定仪的预拌混凝土企业，当仪器说明书或操作提示标液浓度与标准规定标液浓度不同时，应采用设备要求浓度的 NaCl 标准液。一般设备可以自动建立电位-氯离子浓度关系曲线或内置计算公式，可直读出被测溶液的物质的量浓度。

（8）《水运工程混凝土试验检测技术规范》（JTS/T 236—2019）也规定了混凝土拌和物中水溶性氯离子含量的检测方法。与本方法的原理相同，使用的仪器相同，直接检测砂浆中水溶性氯离子物质的量浓度。但每立方米混凝土拌和物中水溶性氯离子质量计算公式与本方法不同。不同型号自动氯离子含量快速测定仪均可测出混凝土拌和物的水溶性氯离子浓度，但因设备程序中可能采用的标准不同，建议采用直读出的溶液氯离子物质的量浓度，按照上述检测方法给出的公式，计算混凝土的水溶性氯离子含量。

（9）采用快速测试方法检测混凝土拌和物中水溶性氯离子含量时，每个混凝土试样检测前均应重新标定电位-氯离子浓度关系曲线。

第五节　泌水和压力泌水试验

混凝土在运输、泵送、振捣的过程中出现粗骨料下沉，水分析出的现象称为混凝土泌水，是新拌混凝土的重要特性。水是混凝土拌和物中最轻的组分，泌水是在较重的固体组分沉降时，组成材料保水能力不足以使拌和水处于分散状态所引起的。混凝土的泌水一般出现在混凝土浇筑后 2h 左右。

泌水对混凝土表面的危害，主要表现为混凝土表面出现流砂水纹缺陷，致使表面强度、抗风化和抗侵蚀的能力较差。同时，水分的上浮在混凝土内留下泌水通道，即产生大量自底部向顶层发展的毛细管通道网，这些通道增加了混凝土的渗透性，使盐溶液和水分以及有害物质容易进入混凝土中，导致混凝土质量劣化。泌水使混凝土表面的水灰比增大，并在上表面出现浮浆层。上浮的水中带有大量的细颗粒，在混凝土表面形成浮浆层，硬化后强度很低，加速混凝土碳化，同时使混凝土的耐磨性下降。

一、泌水试验

（一）试验目的

通常，描述混凝土泌水特性的指标有泌水量（混凝土拌和物单位面积的平均泌水量）和泌水率（泌水量对混凝土拌和物含水量之比），泌水试验可以检验混凝土保水性，对于控制混凝土拌和物的和易性具有重要意义。

（二）试验方法

1. 本试验方法宜用于骨料最大公称粒径不大于 40mm 的混凝土拌和物泌水的测定

2. 泌水试验的试验设备应符合下列规定

（1）容量筒容积应为 5L，并应配有盖子；

（2）量筒应为容量 100mL、分度值 1mL，并应带塞；

（3）振动台应符合现行行业标准《混凝土试验用振动台》（JG/T 245）的规定；

（4）捣棒应符合现行行业标准《混凝土坍落度仪》（JG/T 248）的规定；

（5）电子天平的最大量程应为 20kg，感量不应大于 1g。

3. 泌水试验应按下列步骤进行

（1）用湿布润湿容量筒内壁后应立即称量，并记录容量筒的质量。

（2）混凝土拌和物试样应按下列要求装入容量筒，并进行振实或插捣密实，振实或捣实的混凝土拌和物表面应低于容量筒筒口 30mm±3mm，并用抹刀抹平。

① 混凝土拌和物坍落度不大于 90mm 时，宜用振动台振实，应将混凝土拌和物一次性装入容量筒内，振动持续到表面出浆为止，并应避免过振；

② 混凝土拌和物坍落度大于 90mm 时，宜用人工插捣，应将混凝土拌和物分两层装入，每层的插捣次数为 25 次；捣棒由边缘向中心均匀地插捣，在插捣底层时捣棒应贯穿整个深度，在插捣第二层时，捣棒应插透本层至下一层的表面；每一层捣完后应使用橡皮锤沿容量筒外壁敲击 5～10 次，进行振实，直至混凝土拌和物表面插捣孔消失并不见大气泡为止；

③ 自密实混凝土应一次性填满，且不应进行振动和插捣。

（3）应将筒口及外表面擦净，称量并记录容量筒与试样的总质量，盖好筒盖并开始计时。

（4）在吸取混凝土拌和物表面泌水的整个过程中，应使容量筒保持水平、不受振动；除了吸水操作外，应始终盖好盖子；室温应保持在 20℃±2℃。

（5）计时开始后 60min 内，应每隔 10min 吸取 1 次试样表面泌水；60min 后，每隔 30min 吸取 1 次试样表面泌水，直至不再泌水为止。每次吸水前 2min，应将一片 35mm±5mm 厚的垫块垫入筒底一侧使其倾斜，吸水后应平稳地复原盖好。吸出的水应盛放于量筒中，并盖好塞子；记录每次的吸水量，并应计算累计吸水量，精确至 1mL。

4. 混凝土拌和物的泌水量应按式（4-5）计算

泌水量应取 3 个试样测值的平均值。3 个测值中的最大值或最小值，有一个与中间值之差超过中间值的 15％时，应以中间值作为试验结果；最大值和最小值与中间值之差均超过中间值的 15％时，应重新试验。

$$B_a = V/A \qquad (4-5)$$

式中　B_a——单位面积混凝土拌和物的泌水量（mL/mm²），精确至 0.01mL/mm²；

　　　V——累计的泌水量（mL）；

　　　A——混凝土拌和物试样外露的表面面积（mm²）。

5. 混凝土拌和物的泌水率应按式（4-6）、式（4-7）计算

泌水率应取 3 个试样测值的平均值。3 个测值中的最大值或最小值，有一个与中间值之差超过中间值的 15% 时，应以中间值为试验结果；最大值和最小值与中间值之差均超过中间值的 15% 时，应重新试验。

$$B = \frac{V_w}{\dfrac{W}{m_T} \times m} \tag{4-6}$$

$$m = m_2 - m_1 \tag{4-7}$$

式中　B——泌水率（%），精确至 1%；

　　　V_w——泌水总量（mL）；

　　　m——混凝土拌和物试样质量（g）；

　　　m_T——试验拌制混凝土拌和物的总质量（g）；

　　　W——试验拌制混凝土拌和物拌和用水量（mL）；

　　　m_2——容量筒及试样总质量（g）；

　　　m_1——容量筒质量（g）。

（三）注意事项

（1）混凝土拌和物在静停过程中，试样筒应保持水平、不受振动。

（2）应精确测定试样筒中试样的外露表面积。

（3）除吸水操作外，试样筒上应始终加盖，以免水分蒸发。

（4）混凝土拌和物在装料、密实后，应移入标准养护室内进行试验。

二、压力泌水试验

（一）试验目的

压力泌水性能是衡量混凝土拌和物在压力状态下的泌水性能，是与混凝土泵送性能相关的性能，检测压力泌水率可以定性判断混凝土泵送过程中是否会因离析而堵泵。压力泌水仪相当于泵管的一段，通过加压模仿实际泵送的状态。但压力泌水是在静态下测定，区别于实际泵送的动态状态。

（二）试验方法

1. 本试验方法宜用于骨料最大公称粒径不大于 40mm 的混凝土拌和物压力泌水的测定

2. 压力泌水试验的试验设备应符合下列规定

（1）压力泌水仪缸体内径应为 125mm±0.02mm，内高应为 200mm±0.2mm；工作活塞公称直径应为 125mm；筛网孔径应为 0.315mm；

（2）捣棒应符合现行行业标准 JG/T 248 的规定；

（3）烧杯容量宜为 150mL；

（4）量筒容量应为 200mL。

3. 压力泌水试验应按下列步骤进行

（1）混凝土试样应按下列要求装入压力泌水仪（图 4-5）缸体，并插捣密实，捣实

的混凝土拌和物表面应低于压力泌水仪缸体筒口 30mm±2mm。

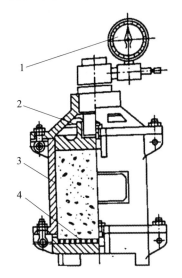

图 4-5　压力泌水仪

1—压力表；2—工作活塞；3—缸体；4—筛网

① 混凝土拌和物应分两层装入，每层的插捣次数应为 25 次；用捣棒由边缘向中心均匀地插捣，插捣底层时捣棒应贯穿整个深度，在插捣第二层时，捣棒应插透本层至下一层的表面；每一层捣完后应使用橡皮锤沿缸体外壁敲击 5～10 次，进行振实，直至混凝土拌和物表面插捣孔消失并不见大气泡为止；

② 自密实混凝土应一次性填满，且不应进行振动和插捣。

（2）将缸体外表擦干净，压力泌水仪安装完毕后应在 15s 以内给混凝土拌和物试样加压至 3.2MPa；并应在 2s 内打开泌水阀门，同时开始计时，并保持恒压，泌出的水接入 150mL 烧杯里，并应移至量筒中读取泌水量，精确至 1mL。

（3）加压至 10s 时读取泌水量 V_{10}，加压至 140s 时读取泌水量 V_{140}。

4. 压力泌水率应按式（4-8）计算

$$B_v = \frac{V_{10}}{V_{140}} \times 100 \tag{4-8}$$

式中　B_v——压力泌水率（％），精确至 1％；

　　　V_{10}——加压至 10s 时的泌水量（mL）；

　　　V_{140}——加压至 140s 时的泌水量（mL）。

（三）注意事项

（1）如油泵缺油致使压力达不到规定要求，可将油泵后盖打开，按下内六角螺栓，加入机油，重新装好即可。

（2）每次试验结束后，要将仪器用水冲洗干净并擦干，如长期不用，应将无油漆的零件表面涂油防锈。

第六节　含气量试验

含气量是混凝土拌和物的重要参数，新拌混凝土的含气量的增大有利于改善混凝土的工作性，降低泌水等，但混凝土含气量增大使水泥浆体的孔隙率增加，混凝土强度降低。有研究表明，在同水胶比条件下，硬化混凝土中含气量每增加 1%，其抗压强度降低 3%~5%[10]。而含气量不足，会影响混凝土抗冻性能。

一、试验目的

混凝土在生产搅拌过程中会带入一些空气，在浇筑振实过程中，一部分空气逸出，另一部分（占混凝土体积的 1%~2%）残留在混凝土中，这些气泡孔径较大（>1mm），形状不规则，对硬化混凝土强度和抗冻性都是不利因素。通过掺加引气剂，可在混凝土搅拌过程中，引入大量分布均匀、稳定而封闭的微小气泡，绝大部分孔径在 0.1~0.4mm 之间，这些微小气泡能够阻断混凝土内部的毛细孔，大幅度提高混凝土的抗冻融能力。

测定混凝土的含气量及含气量经时损失，通过技术手段控制混凝土的含气量使之满足相应的抗冻性要求。

二、试验方法

1. 本试验方法宜用于骨料最大公称粒径不大于 40mm 的混凝土拌和物含气量的测定。

2. 含气量试验的试验设备应符合下列规定：

（1）含气量测定仪应符合现行行业标准《混凝土含气量测定仪》（JG/T 246）的规定；

（2）捣棒应符合现行行业标准 JG/T 248 的规定；

（3）振动台应符合现行行业标准 JG/T 245 的规定；

（4）电子天平的最大量程应为 50kg，感量不应大于 10g。

3. 在进行混凝土拌和物含气量测定之前，应先按下列步骤测定所用骨料的含气量。

（1）应按式（4-9）、式（4-10）计算试样中粗、细骨料的质量：

$$m_g = \frac{V}{1000} \times m'_g \qquad (4\text{-}9)$$

$$m_s = \frac{V}{1000} \times m'_s \qquad (4\text{-}10)$$

式中　m_g——拌和物试样中粗骨料质量（kg）；

$\quad\ m_s$——拌和物试样中细骨料质量（kg）；

$\quad\ m'_g$——混凝土配合比中每立方米混凝土的粗骨料质量（kg）；

$\quad\ m'_s$——混凝土配合比中每立方米混凝土的细骨料质量（kg）；

$\quad\ V$——含气量测定仪容器容积（L）。

（2）应先向含气量测定仪的容器中注入 1/3 高度的水，然后把质量为 m_g、m_s 的粗、细骨料称好，搅拌均匀，倒入容器，加料同时应进行搅拌；水面每升高 25mm 左右，应轻捣 10 次，加料过程中应始终保持水面高出骨料的顶面；骨料全部加入后，应浸泡约 5min，再用橡皮锤轻敲容器外壁，排净气泡，除去水面泡沫，加水至满，擦净容器口及边缘，加盖拧紧螺栓，保持密封不透气。

（3）关闭操作阀和排气阀，打开排水阀和加水阀，应通过加水阀向容器内注入水；当排水阀流出的水流中不出现气泡时，应在注水的状态下，关闭加水阀和排水阀。

（4）关闭排气阀，向气室内打气，应加压至大于 0.1MPa，且压力表显示值稳定；应打开排气阀调压至 0.1MPa，同时关闭排气阀。

（5）开启操作阀，使气室里的压缩空气进入容器，待压力表显示值稳定后记录压力值，然后开启排气阀，压力表显示值应回零；应根据含气量与压力值之间的关系曲线确定压力值对应的骨料的含气量，精确至 0.1%。

（6）混凝土所用骨料的含气量 A_g 应以两次测量结果的平均值作为试验结果；两次测量结果的含气量相差大于 0.5% 时，应重新试验。

4. 混凝土拌和物含气量试验应按下列步骤进行：

（1）应用湿布擦净混凝土含气量测定仪容器内壁和盖的内表面，装入混凝土拌和物试样。

（2）混凝土拌和物的装料及密实方法根据拌和物的坍落度而定，并应符合下列规定：

① 当坍落度不大于 90mm 时，混凝土拌和物宜用振动台振实；当振动台振实时，应一次性将混凝土拌和物装填至高出含气量测定仪容器口；当振实过程中混凝土拌和物低于容器口时，应随时添加；振动直至表面出浆为止，并应避免过振。

② 当坍落度大于 90mm 时，混凝土拌和物宜用捣棒插捣密实。在插捣时，混凝土拌和物应分 3 层装入，每层捣实后高度约为 1/3 容器高度；每层装料后由边缘向中心均匀地插捣 25 次，捣棒应插透本层至下一层的表面；每一层捣完后用橡皮锤沿容器外壁敲击 5~10 次，进行振实，直至拌和物表面插捣孔消失。

③ 自密实混凝土应一次性填满，且不应进行振动和插捣。

（3）刮去表面多余的混凝土拌和物，用抹刀刮平，表面有凹陷应填平抹光。

（4）擦净容器口及边缘，加盖并拧紧螺栓，应保持密封不透气。

（5）应按第 3 条中第（3）~（5）款的操作步骤测得混凝土拌和物的未校正含气量 A_0，精确至 0.1%。

（6）混凝土拌和物未校正的含气量 A_0 应以两次测量结果的平均值作为试验结果；两次测量结果的含气量相差大于 0.5% 时，应重新试验。

5. 混凝土拌和物含气量应按式（4-11）计算：

$$A=A_0-A_g \tag{4-11}$$

式中　A——混凝土拌和物含气量（%），精确至 0.1%；

　　A_0——混凝土拌和物的未校正含气量（%）；

　　A_g——骨料的含气量（%）。

6. 含气量测定仪的标定和率定应按下列步骤进行：

（1）擦净容器，并将含气量测定仪全部安装好，测定含气量测定仪的总质量 m_{A1}，精确至 10g。

（2）向容器内注水至上沿，然后加盖并拧紧螺栓，保持密封不透气；关闭操作阀和排气阀，打开排水阀和加水阀，应通过加水阀向容器内注入水；当排水阀流出的水流中不出现气泡时，应在注水的状态下，关闭加水阀和排水阀；应将含气量测定仪外表面擦净，再次测定总质量 m_{A2}，精确至 10g。

（3）含气量测定仪的容积应按下式计算：

$$V = (m_{A2} - m_{A1}) / \rho_w \qquad (4\text{-}12)$$

式中　V——气量仪的容积（L），精确至 0.01L；

　　m_{A1}——含气量测定仪的总质量（kg）；

　　m_{A2}——水、含气量测定仪的总质量（kg）；

　　ρ_w——容器内水的密度（kg/m³），可取 1kg/L。

（4）关闭排气阀，向气室内打气，应加压至大于 0.1MPa，且压力表显示值稳定；应打开排气阀调压至 0.1MPa，同时关闭排气阀。

（5）开启操作阀，使气室里的压缩空气进入容器，压力表显示值稳定后测得压力值应为含气量为 0 时对应的压力值。

（6）开启排气阀，压力表显示值应回零；关闭操作阀、排水阀和排气阀，开启加水阀，宜借助标定管在注水阀口用量筒接水；用气泵缓缓地向气室内打气，当排出的水是含气量测定仪容积的 1% 时，应按本标准第 6 条中第（4）款和第（5）款的操作步骤测得含气量为 1% 时的压力值。

（7）应继续测取含气量分别为 2%、3%、4%、5%、6%、7%、8%、9%、10% 时的压力值。

（8）含气量分别为 0、1%、2%、3%、4%、5%、6%、7%、8%、9%、10% 的试验均应进行两次，以两次压力值的平均值作为测量结果。

（9）根据含气量 0、1%、2%、3%、4%、5%、6%、7%、8%、9%、10% 的测量结果，绘制含气量与压力值之间的关系曲线。

7. 混凝土含气量测定仪的标定和率定应保证测试结果准确。

三、注意事项

（1）注水过程中应打开进水阀，停止注水时应关闭进水阀。

（2）［压力/含气量表］度盘上有压力刻度线和含气量刻度线两条刻度线，压力刻度线用以控制初始压力（0.1MPa），含气量刻度线用以显示被测新拌混凝土的含气量。

（3）含气量的标准做法应该是首先检测该配合比用骨料的含气量，然后再检测混凝土的含气量，结果为混凝土与骨料的总含气量减去骨料含气量。但实际上很少有人去考虑骨料的含气量，而把混凝土与骨料的总含气量作为混凝土的含气量，所以测得的含气量有一定的偏差，且相对偏大。

（4）砂石的表面会有孔隙，不能达到完全饱和状态，因此自身会含有一定的气体。其含气量大小与骨料的吸水率对应。通常情况下骨料的含气量较小。

第七节 表观密度试验

表观密度是指材料的质量与表观体积之比。表观体积是实体积加闭口孔隙体积，此体积即材料排开水的体积。混凝土拌和物的表观密度是指混凝土拌和物捣实后单位体积的质量。

一、试验目的

在试配时，每个配合比均要进行表观密度试验。当表观密度实测值与设计值的差超过设计值的±2％时，应对混凝土配合比进行调整。

在生产过程中，原材料波动、混凝土配合比调整等，均会引起混凝土表观密度发生变化，因此应进行表观密度试验，必要时进行校正，使混凝土表观密度实测值与设计值保持一致。

二、试验方法

1. 本试验方法可用于混凝土拌和物捣实后的单位体积质量的测定。

2. 表观密度试验的试验设备应符合下列规定：

（1）容量筒应为金属制成的圆筒，筒外壁应有提手。骨料最大公称粒径不大于40mm的混凝土拌和物宜采用容积不小于5L的容量筒，筒壁厚不应小于3mm；骨料最大公称粒径大于40mm的混凝土拌和物应采用内径与内高均大于骨料最大公称粒径4倍的容量筒。容量筒上沿及内壁应光滑平整，顶面与底面应平行并应与圆柱体的轴垂直。

（2）电子天平的最大量程应为50kg，感量不应大于10g。

（3）振动台应符合现行行业标准JG/T 245的规定。

（4）捣棒应符合现行行业标准JG/T 248的规定。

3. 混凝土拌和物表观密度试验应按下列步骤进行。

（1）应按下列步骤测定容量筒的容积：

① 应将干净容量筒与玻璃板一起称重；

② 将容量筒装满水，缓慢将玻璃板从筒口一侧推到另一侧，容量筒内应满水并且不应存在气泡，擦干容量筒外壁，再次称重；

③ 两次称重结果之差除以该温度下水的密度应为容量筒容积 V；常温下水的密度可取 1kg/L。

（2）容量筒内外壁应擦干净，称出容量筒质量 m_1，精确至10g。

（3）混凝土拌和物试样应按下列要求进行装料，并插捣密实：

① 当坍落度不大于90mm时，混凝土拌和物宜用振动台振实；当振动台振实时，应一次性将混凝土拌和物装填至高出容量筒筒口；在装料时可用捣棒稍加插捣，振动过程中混凝土低于筒口，应随时添加混凝土，振动直至表面出浆为止。

② 当坍落度大于90mm时，混凝土拌和物宜用捣棒插捣密实。在插捣时，应根据容量筒的大小决定分层与插捣次数：当用5L容量筒时，混凝土拌和物应分两层装入，每层的插捣次数应为25次；当用大于5L的容量筒时，每层混凝土的高度不应大于

139

100mm，每层插捣次数应按每 $10000mm^2$ 截面不小于 12 次计算。各次插捣应由边缘向中心均匀地插捣，插捣底层时捣棒应贯穿整个深度，插捣第二层时，捣棒应插透本层至下一层的表面；每一层捣完后用橡皮锤沿容量筒外壁敲击 5～10 次，进行振实，直至混凝土拌和物表面插捣孔消失并不见大气泡为止。

③ 自密实混凝土应一次性填满，且不应进行振动和插捣。

（4）将筒口多余的混凝土拌和物刮去，表面有凹陷应填平；应将容量筒外壁擦净，称出混凝土拌和物试样与容量筒总质量 m_2，精确至 10g。

4. 混凝土拌和物的表观密度应按式（4-13）计算：

$$\rho = \frac{m_2 - m_1}{V} \times 1000 \tag{4-13}$$

式中 ρ——混凝土拌和物表观密度（kg/m^3），精确至 $10kg/m^3$；

m_1——容量筒质量（kg）；

m_2——容量筒和试样总质量（kg）；

V——容量筒容积（L）。

三、注意事项

（1）因成型时试模边角粗骨料的含量差异较大，所以不得采用试模来测定拌和物的表观密度。

（2）表观密度测试值和实体有差别，主要是因为过振造成的含气量降低。当标准规定坍落度大于 90mm 时，采用插捣方式测试表观密度，但实际浇筑时为振捣棒振捣，因此表观密度的试验值与实体的表观密度会有一定的误差，是混凝土亏方的原因之一，也经常因此而造成生产与施工方的供货量纠纷。

（3）应经常进行实际生产的混凝土表观密度试验，以复核混凝土是否足方。当出现较大差异时，要及时调整配合比设计容重，也可作为计量秤自校的依据。

第八节 其他新型拌和物性能试验

自密实混凝土的自密实性能包括填充性、间隙通过性和抗离析性等，可以通过专门的性能试验进行测试。混凝土填充性通过扩展度试验和 T_{500} 试验共同测试，间隙通过性通过 J 环扩展试验进行测试，抗离析性通过筛析试验或跳桌试验测试。

一、倒置坍落度筒排空试验

（一）试验目的

坍落度主要用来表征混凝土的流动性能，但在表征混凝土的泵送性能时，则难以和实际情况对应。倒置坍落度筒排空试验得到的排空时间可以定性判断自密实混凝土的泵送性能，自密实混凝土排空时间与其泵送性能的相关性比坍落度或扩展度更强。

（二）试验方法

1. 本试验方法可用于倒置坍落度筒中混凝土拌和物排空时间的测定。

2. 倒置坍落度筒排空试验的试验设备应符合下列规定：

（1）倒置坍落度筒的材料、形状和尺寸应符合现行行业标准 JG/T 248 的规定，小口端应设置可快速开启的密封盖；

（2）底板应采用平面尺寸不小于 1500mm×1500mm、厚度不小于 3mm 的钢板，其最大挠度不应大于 3mm；

（3）支撑倒置坍落度筒的台架应能承受装填混凝土和插捣，当倒置坍落度筒放于台架上时，其小口端距底板不应小于 500mm，且坍落度筒中轴线应垂直于底板；

（4）捣棒应符合现行行业标准 JG/T 248 的规定；

（5）秒表的精度不应低于 0.01s。

3. 倒置坍落度筒排空试验应按下列步骤进行：

（1）将倒置坍落度筒支撑在台架上，应使其中轴线垂直于底板，筒内壁应湿润无明水，关闭密封盖。

（2）混凝土拌和物应分两层装入坍落度筒内，每层捣实后高度宜为筒高的 1/2。每层用捣棒沿螺旋方向由外向中心插捣 15 次，插捣应在横截面上均匀分布，插捣筒边混凝土时，捣棒可以稍稍倾斜。在插捣第一层时，捣棒应贯穿混凝土拌和物整个深度；在插捣第二层时，捣棒宜插透到第一层表面下 50mm。插捣完应刮去多余的混凝土拌和物，用抹刀抹平。

（3）打开密封盖，用秒表测量自开盖至坍落度筒内混凝土拌和物全部排空的时间 t_{sf}，精确至 0.01s。从开始装料到打开密封盖的整个过程应在 150s 内完成。

4. 宜在 5min 内完成两次试验，并应取两次试验测得排空时间的平均值作为试验结果，计算应精确至 0.1s。

5. 倒置坍落度筒排空试验结果应符合式（4-14）规定：

$$|\,t_{sf1} - t_{sf2}\,| \leqslant 0.05 t_{sf,m} \tag{4-14}$$

式中　$t_{sf,m}$——两次试验测得的倒置坍落度筒中混凝土拌和物排空时间的平均值（s）；

t_{sf1}、t_{sf2}——两次试验分别测得的倒置坍落度筒中混凝土拌和物排空时间（s）。

（三）注意事项

（1）标准规定应采用专门的倒置坍落度筒装置进行排空时间测试，实际操作中常采用坍落度筒倒置于地面或底板向上提起进行简便测试，测试结果与标准方法有一定偏差。

（2）应尽可能按照标准方法测试，测试结果可以更好地反映拌和物性能。

（3）在用秒表测量自打开密封盖至混凝土拌和物全部排空的时间时，操作人员应在打开密封盖后，由上至下观察倒置坍落度筒中拌和物下降情况，当由上至下观察到混凝土拌和物开始透光，即视为倒置坍落度筒中的混凝土拌和物全部排空，此时应记录下排空时间。

（4）宜在 5min 内进行两次试验。

二、间隙通过性试验

（一）试验目的

间隙通过性是指自密实混凝土拌和物均匀通过狭窄间隙的性能，用来描述混凝土流过具有狭口的有限空间（比如密集的加筋区），而不会出现分离、失去黏性或者堵塞的情况。

混凝土扩展度与 J 环扩展度的差值作为混凝土间隙通过性性能指标结果，其差值越小，通过能力越好，反之，通过能力越差。

（二）试验方法

1. 本试验方法宜用于骨料最大公称粒径不大于 20mm 的混凝土拌和物间隙通过性的测定。

2. 混凝土拌和物间隙通过性试验的试验设备应符合下列规定：

（1）J 环应由钢或不锈钢制成，圆环中心直径应为 300mm，厚度应为 25mm；并应用螺母和垫圈将 16 根圆钢锁在圆环上，圆钢直径应为 16mm，高应为 100mm；圆钢中心间距应为 58.9mm（图 4-6）；

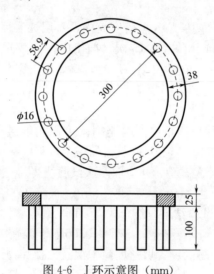

图 4-6 J 环示意图（mm）

（2）混凝土坍落度筒不应带有脚踏板，材料和尺寸应符合现行行业标准 JG/T 248 的规定；

（3）底板应采用平面尺寸不小于 1500mm×1500mm、厚度不小于 3mm 的钢板，其最大挠度不应大于 3mm。

3. 混凝土拌和物的间隙通过性试验应按下列步骤进行：

（1）底板、J 环和坍落度筒内壁应润湿无明水；底板应放置在坚实的水平面上，J 环应放在底板中心；

（2）坍落度筒应正向放置在底板中心，应与 J 环同心，将混凝土拌和物一次性填充至满；

（3）用刮刀刮除坍落度筒顶部混凝土拌和物余料，应将混凝土拌和物沿坍落度筒口抹平；清除筒边底板上的混凝土后，应垂直平稳地向上提起坍落度筒至 250mm±50mm 高度，提离时间宜控制在 3～7s；自开始入料至提起坍落度筒应在 150s 内完成；当混凝土拌和物不再扩散或扩散持续时间已达 50s 时，测量展开扩展面的最大直径以及与最大直径呈垂直方向的直径；测量应精确至 1mm，结果修约至 5mm。

（4）J环扩展度应为混凝土拌和物坍落扩展终止后扩展面相互垂直的两个直径的平均值，当两直径之差大于 50mm 时，应重新试验测定。

（5）混凝土扩展度与 J环扩展度的差值应作为混凝土间隙通过性性能指标结果。

（6）骨料在 J环圆钢处出现堵塞时，应予记录说明。

（三）注意事项

（1）底板、J环和坍落度筒内壁应润湿擦拭，保证无明水。

（2）应垂直平稳地向上提起坍落度筒至 250mm±50mm 高度，提离时间宜控制在 3～7s。

三、漏斗试验

（一）试验目的

本试验方法源于自密实混凝土拌和物性能试验方法，而且对混凝土工作性要求较高，因此建议本试验方法用于自密实混凝土拌和物性能的测试。

漏斗试验是检验自密实混凝土黏度、填充性、抗离析性能的一种综合试验方法。采用 V 形漏斗，将混凝土拌和物装满 V 形漏斗，从开启出料口底盖开始计时，记录拌和物全部流出出料口所经历的时间。排空时间越短，说明自密实混凝土通过狭窄空间的能力越强；反之，则越差。

（二）试验方法

1. 本试验方法宜用于骨料最大公称粒径不大于 20mm 的混凝土拌和物稠度和填充性的测定。

2. 漏斗试验的试验设备应符合下列规定：

（1）漏斗应由厚度不小于 2mm 钢板制成，漏斗的内表面应经过加工；在漏斗出料口的部位，应附设快速开启的密封盖（图 4-7）；

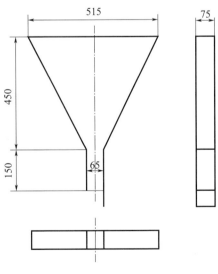

图 4-7　漏斗示意图（mm）

（2）底板应采用平面尺寸不小于 1500mm×1500mm、厚度不小于 3mm 的钢板，其最大挠度不应大于 3mm；

（3）支承漏斗的台架宜有调整装置，应确保台架的水平，漏斗支撑在台架上时，其中轴线应垂直于底板；台架应能承受装填混凝土，且易于搬运；

（4）盛料容器容积不应小于 12L；

（5）秒表精度不应低于 0.1s。

3. 漏斗试验应按下列步骤进行：

（1）将漏斗稳固于台架上，应使其上口呈水平，本体为垂直；漏斗内壁应润湿无明水，关闭密封盖；

（2）应用盛料容器将混凝土拌和物由漏斗的上口平稳地一次性填入漏斗至满；装料整个过程不应搅拌和振捣，应用刮刀沿漏斗上口将混凝土拌和物试样的顶面刮平；

（3）在出料口下方应放置盛料容器；漏斗装满试样静置 10s±2s，应将漏斗出料口的密封盖打开，用秒表测量自开盖至漏斗内混凝土拌和物全部流出的时间。

4. 宜在 5min 内完成两次试验，应以两次试验混凝土拌和物全部流出时间的算术平均值作为漏斗试验结果，结果应精确至 0.1s。

5. 混凝土拌和物从漏斗中应连续流出；混凝土出现堵塞状况，应重新试验；再次出现堵塞情况，应记录说明。

（三）注意事项

（1）漏斗装满试样应静置 10s±2s。

（2）宜在 5min 内完成两次试验。

（3）应采取措施保证混凝土流动过程中不受阻碍。

四、扩展时间试验

（一）试验目的

扩展时间（T_{500} 时间）是自密实混凝土的抗离析性和填充性综合指标，同时可以用于评估流动速率，主要表征混凝土黏聚性。扩展时间（T_{500} 时间）即用坍落度筒测量混凝土坍落度时，自坍落度筒提起开始计时，至拌和物坍落扩展面直径达到 500mm 的时间。

T_{500} 的性能等级分为 VS_1、VS_2。达到 VS_1 时，混凝土流动时间较长，表现出良好的触变性能，有利于减轻模板压力或提高抗离析性，但 VS_1 过大如超过 8s 时，混凝土自密实性下降，容易在表面形成孔洞，易堵塞，阻碍连续泵送，建议控制在 2～8s 范围内使用；VS_2 具有良好的填充性能和自流平的性能，一般适合配筋密集的结构，但是该等级自密实混凝土拌和物易泌水和离析。

（二）试验方法

1. 本试验方法可用于混凝土拌和物稠度和填充性的测定。

2. 扩展时间试验的试验设备应符合下列规定：

（1）混凝土坍落度仪应符合现行行业标准 JG/T 248 的规定；

（2）底板应采用平面尺寸不小于 1000mm×1000mm、最大挠度不大于 3mm 的钢板，并应在平板表面标出坍落度筒的中心位置和直径分别为 200mm、300mm、500mm、600mm、700mm、800mm 及 900mm 的同心圆（图 4-8）；

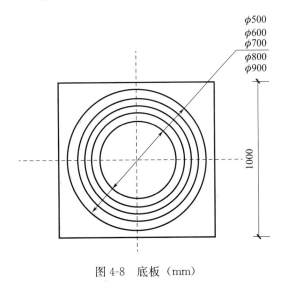

图 4-8　底板（mm）

（3）盛料容器不应小于 8L，并易于向坍落度筒装填混凝土拌和物；

（4）秒表精度不应低于 0.1s。

3. 扩展时间试验应按下列步骤进行：

（1）底板应放置在坚实的水平面上，底板和坍落度筒内壁应润湿无明水，坍落度筒应放在底板中心，并在装料时应保持在固定的位置；

（2）应用盛料容器一次性将混凝土拌和物均匀填满坍落度筒，且不得捣实或振动；自开始入料至填充结束应控制在 40s 以内；

（3）取下装料漏斗，应将混凝土拌和物沿坍落度筒口抹平；清除筒边底板上的混凝土拌和物后，应垂直平稳地提起坍落度筒至 250mm±50mm 高度，提起时间宜控制在 3~7s；

（4）在测定扩展时间时，应自坍落度筒提离地面时开始，至扩展开的混凝土拌和物外缘初触平板上所绘直径 500mm 的圆周为止，结果精确至 0.1s。

（三）注意事项

（1）提桶高度为"250mm±50mm"，不同于《自密实混凝土应用技术规程》（JGJ/T 283—2012）中对提桶的高度规定为"300mm 左右"；

（2）提桶时间为"3~7s"，不同于 JGJ/T 283—2012 中规定提起坍落度筒时间"宜控制在 2s"。

第五章 混凝土力学性能试验

混凝土的力学性能，是表征硬化后的混凝土抵抗外力作用的能力。混凝土力学性能是影响混凝土结构可靠性的因素，是建筑结构设计的基本依据。混凝土强度对于工程结构质量是最重要的性能之一。它与混凝土的其他性能诸如弹性模量、抗渗性、抗侵蚀等密切相关。虽然混凝土在实际应用中大多数同时受到压、弯、剪、拉应力的作用，但构件设计时主要利用的是抗压强度[11]。

第一节 混凝土试件的制作和养护

混凝土取样、制作和养护试件应严格按照《普通混凝土拌合物性能试验方法标准》（GB/T 50080—2016）和《混凝土物理力学性能试验方法标准》（GB/T 50081—2019）进行，这是准确、真实地检测混凝土各项力学性能指标的基础。

一、基本规定

1. 一般规定

（1）试验室的温度、湿度试验条件会影响混凝土的性能测试结果的准确性，为使试验结果具有代表性、准确性和重复性，要求试验环境相对湿度不宜小于 50%，温度应保持在 20℃±5℃。

（2）为了保证试验的客观科学，以及试验结果的准确，应定期对试验仪器设备进行检定或校准，确保其处于正常工作状态，满足试验要求。

2. 试件的横截面尺寸

（1）混凝土力学性能试件尺寸与允许骨料最大粒径的关系，ISO 推荐的规定为试件的尺寸应大于 4 倍的骨料最大粒径。根据我国的实际状况规定试件尺寸大于 3 倍的骨料最大粒径，与美国 ASTM 标准相同。试件的最小横截面尺寸应根据混凝土中骨料的最大粒径按表 5-1 选定。对骨料的最大粒径统一采用方孔筛边长尺寸进行表达。

表 5-1 试件的最小横截面尺寸

骨料最大粒径（mm）		试件最小横截面尺寸
劈裂抗拉强度试验	其他试验	（mm×mm）
19.0	31.5	100×100
37.5	37.5	150×150
	63.0	200×200

（2）制作试件应采用符合规定的试模，并应保证试件的尺寸满足要求。

二、仪器设备

（1）试模应符合下列规定：

试模应符合现行行业标准《混凝土试模》（JG 237）的有关规定。应根据试模的使用频率，定期对试模进行期间核查，核查周期不宜超过 3 个月。

试验研究表明，试模材质对高强混凝土的抗压强度结果影响较大，一般情况下，用铁质试模制备的试件强度高于塑料试模，因此当混凝土强度等级不低于 C60 时，宜采用铸铁或铸钢试模成型；

（2）振动台应符合现行行业标准《混凝土试验用振动台》（JG/T 245）的有关规定，振动频率应为 50Hz±2Hz，空载时振动台面中心点的垂直振幅应为 0.5mm±0.02mm。

（3）捣棒应符合现行行业标准《混凝土坍落度仪》（JG/T 248）的有关规定，直径应为 16mm±0.2mm，长度应为 600mm±5mm，端部应呈半球形。

（4）橡皮锤或木槌的锤头质量宜为 0.25～0.50kg。

三、混凝土试件的取样

取样方法按 GB/T 50080—2016 进行取样，预拌混凝土企业，作为内部质量控制的取样方法，在保证样品具有代表性的前提下，可以根据实际情况确定，遇有争议时，应以标准取样方法为准。

（1）同一组混凝土拌和物的取样，应在同一盘混凝土或同一车混凝土中取样。从混凝土罐车取样时，应至少快转 30s；从卸料口取样时，应随机一盘或多盘取样；

（2）取样量应多于试验所需量的 1.5 倍，且不宜小于 20L；

（3）第一次取样和最后一次取样的时间间隔不宜超过 15min。

四、混凝土试件的制作

（1）试件成型前，应检查试模的尺寸并应符合相关规定；应将试模擦拭干净，在其内壁上均匀地涂刷一薄层矿物油或其他不与混凝土发生反应的隔离剂，试模内壁隔离剂应均匀分布，不应有明显沉积。为避免脱模材料局部沉积或聚集，可采取试模倒置或二次涂抹的措施保证均匀。

（2）混凝土拌和物在入模前应保证其匀质性。取样或拌制好的混凝土拌和物一般用铁锹再来回拌和 3 次，以确保混凝土拌和物的匀质性。

（3）宜根据混凝土拌和物的稠度或试验目的确定适宜的成型方法，混凝土应充分密实，避免分层离析。

（4）用振动台振实制作试件应按下述方法进行。

① 将混凝土拌和物一次性装入试模，装料时应用抹刀沿试模内壁插捣，并使混凝土拌和物高出试模上口；

② 试模应附着或固定在振动台上，振动时应防止试模在振动台上自由跳动，振动应持续到表面出浆且无明显大气泡逸出为止，不得过振。

（5）自密实混凝土应分两次将混凝土拌和物装入试模，每层的装料厚度宜相等，中间间隔 10s，混凝土应高出试模口，不应使用振动台、人工插捣或振捣棒方法成型。

（6）试件成型后刮除试模上口多余的混凝土，待混凝土临近初凝时，用抹刀沿着试模口抹平。在混凝土临近初凝时抹平试模表面，是为了避免混凝土沉缩后，混凝土表面低于试模而引起的试验误差；为了提高试件制作的精度，规定试件表面与试模边缘的高度差不得超过 0.5mm。

（7）制作的试件应有明显和持久的标记，且不破坏试件。

五、混凝土试件的养护

（1）试件成型抹面后应立即用不透水的薄膜覆盖表面，或采取湿布覆盖等其他保持试件表面湿度的方法，以防水分蒸发。这一点对高强混凝土试件特别重要。尤其在干燥天气，高强混凝土试件制作后如果没有立即覆盖而失水，会影响试件的早期 1d、3d 甚至 28d 强度。

（2）试件成型后应在温度为 20℃±5℃、相对湿度大于 50％的室内静置 1～2d。当混凝土的强度等级偏低、试块养护温度较低或混凝土拌和物中掺入了缓凝型外加剂时，应适当延长拆模时间。试件静置期间应避免受到振动和冲击，静置后编号标记、拆模，刚成型的试件受到振动和冲击时容易出现离析和破坏。当试件有严重缺陷时，应按废弃处理。

（3）试件拆模后应立即放入温度为 20℃±2℃，相对湿度为 95％以上的标准养护室中养护，或在温度为 20℃±2℃的不流动氢氧化钙饱和溶液中养护。标准养护室内的试件应放在支架上，彼此间隔 10～20mm，试件表面应保持潮湿，但不得用水直接冲淋试件。

（4）试件的养护龄期可分为 1d、3d、7d、28d、56d 或 60d、84d 或 90d、180d 等，也可根据设计龄期或需要进行确定，龄期应从搅拌加水开始计时，养护龄期的允许偏差宜符合表 5-2 的规定。

表 5-2　养护龄期允许偏差

养护龄期	1d	3d	7d	28d	56d 或 60d	≥84d
允许偏差	±30min	±2h	±6h	±20h	±24h	±48h

六、试件制作和养护注意事项

（1）试模质量对混凝土强度影响较大。必须保证试模刚度和尺寸精度，以确保混凝土试块平整度和垂直度。必须定期对试模进行核查，保证尺寸公差符合标准规定。试件的尺寸和形状达不到规范要求，会使试件受压时力的分布发生改变，从而影响试验结果，因此不符合要求的试模不能使用。

（2）确保入模混凝土拌和物的匀质性。尺寸越大的试件，出现缺陷的概率也会更大。尤其是检验抗折强度的试件，其检测结果对试件缺陷敏感性更强，同时，由于抗折试件的尺寸更大，出现缺陷的概率更高，因此，为降低误差，对抗折试件的制作质量要求更高。

（3）试件表面收光时，注意料浆饱满，防止混凝土由于塑性变形而造成表面凹陷的情况发生。

（4）试件成型后刮除试模上口多余的混凝土，混凝土临近初凝时，应进行二次抹面，且试件表面与试模边缘的高度差不得超过 0.5mm。

（5）试件成型抹面后应立即用薄膜覆盖表面，防止早期失水，保持试件表面湿度。

（6）试验时的环境温湿度的变化会影响混凝土试件内部的温湿度变化，从而影响试验结果，因此要始终保持试验环境温湿度满足标准要求。

第二节　抗压强度试验

混凝土抗压强度是指混凝土试件单位面积所能承受的最大压力。

抗压试件有立方体和圆柱体两种，本试验是指立方体抗压试件。立方体抗压强度标准值应为按标准方法制作和养护的边长为 150mm 的立方体试件，用标准试验方法在 28d 龄期测得的混凝土抗压强度总体分布中的一个值，强度低于该值的概率应为 5%。立方体抗压强度标准值以符号 $f_{cu,k}$ 表示，单位为 N/mm^2 或 MPa。它是混凝土结构设计、混凝土配合比设计、混凝土质量控制及工程验收的重要参数。

混凝土的强度等级按立方体抗压强度标准值划分，用符号 C 与立方体抗压强度标准值（以 N/mm^2 计）表示。如 C30 级混凝土，即表示混凝土立方体抗压强度标准值 $f_{cu,k}$ =30MPa。本节试验方法测得的立方体试件抗压强度值（$f_{cu,i}$）是单组试件强度，称为试件强度的代表值。

一、混凝土抗压强度试验方法

本方法适用于测定混凝土立方体试件的抗压强度。

1. 测定混凝土立方体抗压强度试验的试件尺寸和数量应符合下列规定：

（1）标准试件是边长为 150mm 的立方体试件；

（2）边长为 100mm 和 200mm 的立方体试件是非标准试件；

（3）每组试件应为 3 块。

2. 试验仪器设备应符合下列规定：

1）压力试验机应符合下列规定

（1）试件破坏荷载宜大于压力机全量程的 20% 且小于压力机全量程的 80%；

（2）示值相对误差应为 ±1%；

（3）应具有加荷速度指示装置或加荷速度控制装置，并应能均匀、连续地加荷；

（4）试验机上、下承压板的平面度公差不应大于 0.04mm；平行度公差不应大于 0.05mm；表面硬度不小于 55HRC；板面应光滑、平整，表面粗糙度 R_a 不应大于 0.80μm。

（5）球座应转动灵活；球座宜置于试件顶面，并凸面朝上。

（6）其他要求应符合现行国家标准《液压式万能试验机》（GB/T 3159）和《试验机 通用技术要求》（GB/T 2611）中的有关规定。

2）钢垫板

当压力试验机的上、下承压板的平面度、表面硬度和粗糙度不符合要求时，上、下承压板与试件之间应各垫以钢垫板。钢垫板应符合下列规定：

（1）钢垫板的平面尺寸不应小于试件的承压面积，厚度不应小于 25mm；

（2）钢垫板应机械加工，承压面的平面度、平行度、表面硬度和粗糙度应符合压力试验机第（4）条规定；

3）混凝土强度不小于 60MPa 时，试件周围应设防护网罩；

4）游标卡尺的量程不应小于 200mm，分度值宜为 0.02mm。

3. 立方体抗压强度试验应按下列步骤进行：

（1）当试件到达试验龄期时，从养护地点取出后，应检查其尺寸及形状，尺寸公差应满足本章第一节的规定，试件取出后应尽快进行试验。

（2）在试件放置试验机前，应将试件表面与上、下承压板面擦拭干净。

（3）以试件成型时的侧面为承压面，将试件安放在试验机的下压板或垫板上，试件的中心应与试验机下压板中心对准。

（4）开动试验机，试件表面与上下承压板或钢垫板应均匀接触。

（5）在试验过程中应连续均匀加荷，加荷速度应取 0.3～1.0MPa/s。当立方体抗压强度小于 30MPa 时，加荷速度宜取 0.3～0.5MPa/s；立方体抗压强度为 30～60MPa 时，加荷速度宜取 0.5～0.8MPa/s；立方体抗压强度不小于 60MPa 时，加荷速度宜取 0.8～1.0MPa/s。

（6）手动控制压力机加荷速度时，当试件接近破坏开始急剧变形时，应停止调整试验机油门，直至破坏。然后记录破坏荷载。

4. 立方体试件抗压强度试验结果计算及确定应按下列方法进行：

1）混凝土立方体抗压强度应按式（5-1）计算：

$$f_{cc} = \frac{F}{A} \tag{5-1}$$

式中　f_{cc}——混凝土立方体试件抗压强度（MPa）；

　　　F——试件破坏荷载（N）；

　　　A——试件承压面积（mm^2）。

结果计算应精确至 0.1MPa。

2）立方体试件抗压强度值的确定应符合下列规定：

（1）3 个试件测值的算术平均值作为该组试件的强度值，精确至 0.1MPa；

（2）3 个测值中的最大值或最小值中如有一个与中间值的差值超过中间值的 15% 时，则把最大及最小值剔除，取中间值作为该组试件的抗压强度值；

（3）如最大值和最小值与中间值的差均超过中间值的 15%，则该组试件的试验结果无效。

3）混凝土强度等级小于 C60 时，用非标准试件测得的强度值均应乘以尺寸换算系数。其值为对 200mm×200mm×200mm 试件可取为 1.05，对 100mm×100mm×100mm 试件可取为 0.95。

4）当混凝土强度等级不小于 C60 时，宜采用标准试件；当使用非标准试件时，对于混凝土强度等级不大于 C100 时，尺寸换算系数宜由试验确定，在未进行试验确定的情况下，对 100mm×100mm×100mm 试件可取为 0.95；混凝土强度等级大于 C100 时，尺寸换算系数应经试验确定。

注：尺寸效应是指材料的力学性能指标不再是一个常数，而是随着材料的几何外形尺寸变化而变化[12]。对混凝土材料而言，尺寸效应主要表现在构件尺寸增大时，混凝土匀质性相对降低，出现缺陷的概率增大，强度随之降低。这也是为什么相对于标准尺寸 150mm×150mm×150mm 试件而言，100mm×100mm×100mm 试件换算系数取为 0.95，而 200mm×200mm×200mm 试件换算系数取为 1.05。

二、混凝土强度的检验评定

混凝土质量是影响钢筋混凝土结构可靠性的一个重要因素，为保证结构的可靠性，必须进行混凝土的生产控制和合格性评定。它对保证混凝土工程质量、提高混凝土生产的质量管理水平，以及提高企业经济效益等都具有重大作用。

混凝土强度的检验评定是结构验收的需要，搅拌站进行混凝土强度评定主要用于生产水平的控制，通过标准差、强度平均值等参数，及时调整配合比，使混凝土配比在最合理的水平。

混凝土合格性评定标准《混凝土强度检验评定标准》（GB/T 50107—2010），统一混凝土强度的检验评定方法。混凝土强度应分批进行检验评定。一个检验批的混凝土应由强度等级相同、试验龄期相同、生产工艺条件和配合比基本相同的混凝土组成。

混凝土评定方法分为统计法和非统计法。对大批量、连续生产混凝土的强度应按统计方法评定。对小批量或零星生产混凝土的强度应按非统计方法评定。

1. 统计方法评定

采用统计方法评定时，应按下列规定进行：

1）当连续生产的混凝土，生产条件在较长时间内保持一致，且同一品种、同一强度等级混凝土的强度变异性保持稳定时，应按标准差已知方法进行评定。一般来说，预制构件生产采用标准差已知的方案。

2）其他情况应按标准差未知方法进行评定。混凝土企业由于每一强度等级的配合比较多，使用原材料、工地坍落度等要求不一致，因此多采用此方法进行统计评定。

（1）当样本容量不少于 10 组时，其强度应同时满足下列公式要求：

$$m_{f_{cu}} \geqslant f_{cu,k} + \lambda_1 \cdot S_{f_{cu}} \tag{5-2}$$

$$f_{cu,min} \geqslant \lambda_2 \cdot f_{cu,k} \tag{5-3}$$

同一检验批混凝土立方体抗压强度的标准差应按下式计算：

$$S_{f_{cu}} = \sqrt{\frac{\sum_{i=1}^{n} f_{cu,i}^2 - nm_{f_{cu}}^2}{n-1}} \tag{5-4}$$

式中　$S_{f_{cu}}$——同一检验批混凝土立方体抗压强度的标准差（N/mm²），精确到 0.01N/mm²（当检验批混凝土强度标准差 $S_{f_{cu}}$ 计算值小于 2.5N/mm² 时，应取 2.5N/mm²）；

　　　$m_{f_{cu}}$——同一检验批混凝土立方体抗压强度的平均值（N/mm²），精确到 0.01N/mm²；

　　　$f_{cu,k}$——混凝土立方体抗压强度标准值（N/mm²），精确到 0.1N/mm²；

$f_{cu,i}$——检验期内同一品种、同一强度等级的第 i 组混凝土试件的立方体抗压强度代表值（N/mm²），精确到 0.1N/mm²；

n——本检验期内的样本容量，不应少于 10；

λ_1，λ_2——合格评定系数，按表 5-3 取用。

表 5-3 混凝土强度的合格评定系数

试件组数	10～14	15～19	≥20
λ_1	1.15	1.05	0.95
λ_2	0.90	0.85	

特别注意检验批混凝土的平均值 $m_{f_{cu}}$ 要求。平均值低于某个值时，虽然所有数值均超过设计强度等级，但仍有可能因为平均值不符合要求，而被评定为不合格。

2. 非统计方法评定

当用于评定的样本容量少于 10 组时，应采用非统计方法评定混凝土强度。按非统计方法评定混凝土强度时，其强度应同时符合下列规定：

$$m_{f_{cu}} \geq \lambda_3 \cdot f_{cu,k} \tag{5-5}$$

$$f_{cu,min} \geq \lambda_4 \cdot f_{cu,k} \tag{5-6}$$

式中 λ_3，λ_4——合格评定系数，应按表 5-4 取用。

$f_{cu,min}$——同一检验批混凝土立方体抗压强度的最小值（N/mm²），精确到 0.1N/mm²。

表 5-4 混凝土强度的非统计法合格评定系数

混凝土强度等级	<C60	≥C60
λ_3	1.15	1.10
λ_4	0.95	

3. 混凝土强度合格性评定

当检验结果满足上述条件的规定时，则该批混凝土强度应评定为合格；当不能满足上述规定时，该批混凝土强度应评定为不合格。

对评定为不合格批的混凝土，可按国家现行的有关标准进行处理。可参考《建筑工程施工质量验收统一标准》（GB 50300）5.0.6 和《混凝土结构工程施工质量验收规范》（GB 50204）中 10.2.3 条规定的方式进行处理。遵循的基本原则为"返工重做，重新验收；检测合格，应予验收；设计同意，可以验收；加固处理，让步接收"。

三、试验注意事项

1. 混凝土抗压强度测值影响因素

1）试件装置情况（端部约束情况）：在试件受压时，其端部有无约束对所测强度值有影响。当受压试件与加压钢板间紧贴加压时，加压钢板对试件上下端部会产生横向约束，可抑制试件开裂，强度值偏高；承压面中间部分凹下 0.13mm 时，强度可下降 5%；承压面中间部分凸出 0.13mm 时，强度下降可达 30%；

2）试件受压时的摆放：试件试压前必须擦拭干净；试件的中心应与试验机下压板

中心对准；试件成型时的侧面为承压面。

3）加荷速度：一般来说，加荷速率越快，由于变形速度落后于荷载的增长速度，变形跟不上荷载的增长，测得的强度越高，反之亦然。

4）结果计算：抗压强度试验结果计算时，必须先判断一组试件中最大值、最小值与中间值的差是否超过中间值的 15%。

2. 混凝土强度合格性评定注意事项

1）混凝土立方体抗压强度的标准差 $S_{f_{cu}}$ 值代表混凝土强度的波动情况，值小，说明混凝土强度稳定性好、波动小；值大，说明混凝土强度稳定性差、波动大。标准差是统计出来的。考虑到生产的控制水平和混凝土质量保证系数，检验批混凝土强度标准差 $S_{f_{cu}}$ 计算值小于 2.5N/mm² 时，应取 2.5N/mm²。

2）混凝土评定方法统计法和非统计法中合格评定系数 λ 值有明确的规定值，务必对应使用，尤其统计法中，不同时间组数对应不同 λ 值。

3）混凝土强度评定检验批大多数按试配编号来统计，考虑到检验批的试件组数少，统计周期可以不局限 1 个月，但是建议周期不大于 3 个月，管理文件应该有明确规定，并按规定执行。

第三节　抗折强度试验

混凝土构件单位面积承受弯矩时的极限折断应力即为抗折强度，也称为抗弯拉强度。GB/T 50081—2019 定义为：混凝土试件承受弯矩作用折断破坏时，混凝土试件单位面积所承受的极限拉应力。

抗折试验是用混凝土小梁承受弯曲应力，直到小梁折断，小梁截面上所能承受的最大应力即为抗折强度。混凝土构件大多是承受弯曲，而不是承受轴向拉伸，因而抗折试验结果似乎更能表征混凝土的性能。混凝土道路路面主要承受弯拉荷载的作用，因此道路混凝土是以抗折强度（抗弯拉强度）作为主要强度指标。

混凝土抗折强度等级的表示方法标准没有做明确规定，一般采用符号 f 与抗折强度标准值（以 N/mm² 计）表示，如：f3.0，f3.5，f4.0，…，f6.0 等。

一、混凝土抗折强度试验方法

1. 本方法适用于测定混凝土的抗折强度，也称抗弯拉强度。

2. 测定混凝土抗折强度试验的试件尺寸、数量及表面质量应符合下列规定：

（1）标准试件是边长为 150mm×150mm×600mm 或 150mm×150mm×550mm 的棱柱体试件；

（2）边长为 100mm×100mm×400mm 的棱柱体试件是非标准试件；

（3）在试件长向中部 1/3 区段内表面不得有直径超过 5mm、深度超过 2mm 的孔洞；

（4）每组试件应为 3 块。

3. 试验采用的试验设备应符合下列规定：

（1）压力试验机应符合本章第二节的规定，试验机应能施加均匀、连续、速度可控的荷载。

（2）抗折试验装置如图 5-1 所示，其应符合下列规定：

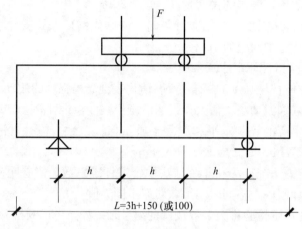

图 5-1　抗折试验装置

① 双点加荷的钢制加荷头应使两个相等的荷载同时垂直作用在试件跨度的两个三分点处；

② 与试件接触的两个支座头和两个加荷头应采用直径为 20～40mm、长度不小于 $b+10mm$ 的硬钢圆柱，支座立脚点固定铰支，其他 3 个应为滚动支点。

4. 抗折强度试验应按下列步骤进行：

（1）当试件到达试验龄期时，从养护地点取出后，应检查其尺寸及形状，尺寸公差应满足本章第一节的规定，试件取出后应尽快进行试验。

（2）在试件放置试验装置前，应将试件表面擦拭干净，并在试件侧面划出加荷线位置。

（3）按图 5-1 装置试件，调整支座和加荷头位置，安装尺寸偏差不得大于 1mm。试件的承压面应为试件成型时的侧面。支座及承压面与圆柱的接触面应平稳、均匀，否则应垫平。

（4）在试验过程中应连续均匀地加荷，当立方体抗压强度小于 30MPa 时，加载速度应取 0.03～0.05MPa/s；立方体抗压强度为 30～60MPa 时，加载速度应取 0.06～0.08MPa/s；立方体抗压强度不小于 60MPa 时，加载速度应取 0.08～0.1MPa/s。

（5）手动控制压力机加荷速度时，当试件接近破坏时，应停止调整试验机油门，直至破坏。然后记录破坏荷载及试件下边缘断裂位置。

5. 抗折强度试验结果计算及确定按下列方法进行：

1）若试件下边缘断裂位置处于两个集中荷载作用线之间，则试件的抗折强度 f_f（MPa）按式（5-7）计算：

$$f_f = \frac{Fl}{bh^2} \tag{5-7}$$

式中　f_f——混凝土抗折强度（MPa）；

　　　F——试件破坏荷载（N）；

　　　l——支座间跨度（mm）；

h——试件截面高度（mm）；

b——试件截面宽度（mm）。

抗折强度计算应精确至 0.1MPa。

2）抗折强度值的确定应符合下列规定：

（1）3 个试件测值的算术平均值作为该组试件的强度值（精确至 0.1MPa）；

（2）3 个测值中的最大值或最小值中如有一个与中间值的差值超过中间值的 15%时，则把最大及最小值一并舍除，取中间值作为该组试件的抗折强度值；

（3）如最大值和最小值与中间值的差均超过中间值的 15%，则该组试件的试验结果无效。

3）3 个试件中若有一个折断面位于两个集中荷载之外，则混凝土抗折强度值按另两个试件的试验结果计算。

若这两个测值的差值不大于这两个测值的较小值的 15%时，则该组试件的抗折强度值按这两个测值的平均值计算，否则该组试件的试验无效。若有两个试件的下边缘断裂位置位于两个集中荷载作用线之外，则该组试件试验无效。

4）当试件尺寸为 100mm×100mm×400mm 非标准试件时，应乘以尺寸换算系数 0.85；当混凝土强度等级不小于 C60 时，宜采用标准试件；当使用非标准试件时，尺寸换算系数应由试验确定。

二、试验注意事项

（1）每个试件下边缘断裂位置必须处于两个集中荷载作用线之间。

（2）混凝土合格性评定标准《混凝土强度检验评定标准》（GB/T 50107—2010），只涉及混凝土抗压强度，除此以外，其他强度无评定标准，检测强度值不低于设计强度值即可视为满足设计要求，但为了达到一定的抗折强度保证率（一般不低于 95%），应参照抗压强度的设计要求提高抗折强度的设计保证率。

第四节　其他力学性能试验

混凝土的力学性能除抗压强度、抗折强度外，还有轴心抗压强度、静力受压弹性模量试验、劈裂抗拉强度试验、混凝土黏结强度试验、导热系数等。以下仅就轴心抗压强度、静力受压弹性模量试验、劈裂抗拉强度试验做简要介绍。

一、混凝土（棱柱体）轴心抗压强度

轴心抗压强度：棱柱体试件轴向单位面积上所能承受的最大压力。

轴心抗压试验采用的是棱柱体试件，比立方体试件能更好地反映混凝土构件的实际抗压能力。测得的混凝土棱柱体轴心抗压强度与构件的混凝土实际强度更接近。在结构设计中，混凝土受压构件的计算采用混凝土的轴心抗压强度，更加符合工程实际。

二、静力受压弹性模量试验

材料在弹性变形阶段，其应力和应变成正比例关系（即符合胡克定律），其比例系数称为弹性模量。弹性模量是描述物质弹性的一个物理量，是衡量物体抵抗弹性变形能力大小的尺度。弹性模量越大，抵抗变形的能力越强，材料越不容易变形。混凝土的弹性模量在结构设计时，计算钢筋混凝土的变形和裂缝的开展中是不可缺少的指标[11]。

弹性模量检测方法一般分为静态法（荷载重法）和动态法（共振法、超声法）。静态法测定的是静弹性模量，动态法测定的是动弹性模量。静弹性模量的测定是破坏性试验，动弹性模量的测定是非破坏性试验。动弹性模量还是混凝土抗冻性试验的评定指标。

静力受压弹性模量是用静态法测得的混凝土受压力作用下的弹性模量。

三、劈裂抗拉强度试验

劈裂抗拉强度：立方体试件或圆柱体试件上下表面中间承受均布压力劈裂破坏时，压力作用的竖向平面内产生近似均布的极限拉应力。劈裂抗拉强度用来评价材料受到拉应力时抵抗破坏的能力。

抗拉强度对于混凝土的抗开裂性有重要意义，在结构设计中轴心抗拉强度是确定混凝土抗裂能力的重要指标。有时也用它来间接衡量混凝土与钢筋的黏结强度。混凝土轴心抗拉强度采用立方体劈裂抗拉试验来测定，称为劈裂抗拉强度。混凝土的劈裂抗拉强度约为轴心抗拉强度的 1.1～1.15 倍。

《公路钢筋混凝土及预应力混凝土桥涵设计规范》（JTG 3362—2018）给出了不同试件尺寸的强度换算关系，见表 5-5。

表 5-5　混凝土力学性能试验相关要求对照表

试验	执行标准	标准试模规格（mm）	非标准试模规格（mm）	换算系数	试件数（组）	取值	准备试验龄期
抗压强度试验	GB/T 50081	150×150×150	100×100×100	0.95	3	一个大于中间值 15%，取中；两个大于中间值 15%，无效	28d
			200×200×200				
劈裂抗拉强度		150×150×150	100×100×100	0.85			
			200×200×200	1.05			
抗折强度试验		150×150×600	100×100×400	0.85			
		150×150×550					
轴心抗压强度试验		150×150×300	100×100×300	0.95			
			200×200×400	1.05			
静力受压弹性模量		150×150×300	100×100×300	0.95	6	轴心强度一个大于中间值 20%，取中；两个大于中间值 20%，无效	
			200×200×400	1.05			

第六章 混凝土长期性能和耐久性能试验

混凝土结构耐久性是指在设计确定的环境作用和维护、使用条件下，混凝土结构构件在设计使用年限内保持其适用性和安全性能的能力[13]。在一种组合条件下耐久的混凝土，未必意味着在另一组合条件下仍然耐久。因此，在定义耐久性时通常要把环境因素考虑在内。ACI201 委员会把普通硅酸盐水泥混凝土的耐久性定义为混凝土对大气侵蚀、化学侵蚀、磨耗或任何其他劣化过程的抵抗能力。混凝土暴露于服役环境中能保持其原有形状、质量和功能的能力即为耐久性[14]。

混凝土结构的耐久性是由混凝土、钢筋材料本身性能和所处使用环境的侵蚀性共同决定的[15]。混凝土材料的本身性能直接影响结构耐久性，混凝土材料耐久性至关重要。耐久性能良好的混凝土，在其使用期限内，应能够承受所有可能的荷载和环境作用，而且不发生过度的腐蚀、损坏或破坏。

混凝土长期性能和耐久性能主要有抗渗透性、抗冻融性、抗硫酸盐腐蚀性、抗裂性、抗碳化、收缩和徐变等。

第一节 混凝土抗渗试验

混凝土是通过水泥水化固化胶结砂石骨料而成的气、液、固三相并存的多孔性非匀质材料。混凝土凝结过程中砂石骨料沉降形成的沉降孔和由于砂浆和骨料变形不一致或因骨料表面水膜蒸发而形成的接触孔往往是连通的，其直径比毛细孔大，是造成混凝土渗水的主要原因，所以混凝土本身具有一定的渗水性。混凝土的渗水性，不仅影响耐久性，而且还会影响使用功能。

混凝土的抗渗性是指混凝土材料抵抗压力水（或者油）渗透的能力，它是决定混凝土耐久性最基本的因素。混凝土的抗渗性用抗渗等级表示。抗渗等级是以 28d 龄期的混凝土标准试件，按规定的方法进行试验，所能承受的最大静水压力来确定。混凝土的抗渗等级分为 P4、P6、P8、P10、P12、＞P12 等级。

一、混凝土抗渗试验方法

《普通混凝土长期性能和耐久性能试验方法标准》（GB/T 50082—2009）中混凝土的抗渗试验方法分为渗水高度法和逐级加压法。国外比较倾向于用渗水高度及相对渗透系数来评价混凝土抗渗性，使水压在 24h 内恒定控制在 1.2MPa±0.05MPa，得到试件渗水高度值，是比较值，不能做合格与否的判定。

逐级加压法是通过逐级施加水压力来测定以抗渗等级来表示的混凝土的抗水渗透性能。

二、抗渗试验设备与仪器

抗渗设备主要有抗渗试模、抗渗仪、振动台、混凝土搅拌机、标准养护室、钢垫板、钢尺、卡尺、捣棒、螺旋加压器、烘箱、电炉和钢丝刷等。

试验设备应符合下列规定：

（1）混凝土抗渗仪应符合现行行业标准《混凝土抗渗仪》（JG/T 249）的规定，并应能使水压按规定的制度稳定地作用在试件上。抗渗仪施加水压力范围应为 0.1~2.0MPa。

（2）试模应采用上口内部直径为 175mm、下口内部直径为 185mm 和高度为 150mm 的圆台体。

（3）密封材料宜用石蜡加松香或水泥加黄油等材料，也可采用橡胶套等其他有效密封材料。

（4）钢尺的分度值应为 1mm；钟表的分度值应为 1min；

三、抗渗试件制作和养护

试件的取样按照《混凝土耐久性检验评定标准》（JGJ/T 193—2009），对于同一工程同一配合比的混凝土，检验批不少于一个。

注：检测批次也可以参考《混凝土矿物掺合料应用技术规程》（DB11/T 1029—2021）第 9.0.3 条：对有耐久性要求的、同一配比的混凝土，出厂检验时应至少进行一次耐久性试验，试验结果应满足工程设计要求。

试件的制作和养护应符合现行国家标准《混凝土物理力学性能试验方法标准》（GB/T 50081）的规定。抗水渗透试验应以 6 个试件为一组。

在试件拆模后，应用钢丝刷刷去两端面的水泥浆膜，并应立即将试件送入标准养护室进行养护。

四、抗渗试验过程

抗渗试验的试块龄期宜为 28d。应在到达试验龄期的前一天，从养护室取出试件，并擦拭干净。待试件表面晾干后，应按下列方法进行试件密封：

（1）当用石蜡密封时，应在试件侧面裹涂一层熔化的内加少量松香的石蜡。然后应用螺旋加压器将试件压入经过烘箱或电炉预热过的试模中，使试件与试模底平齐，并应在试模变冷后解除压力。试模的预热温度，应以石蜡接触试模，即缓慢熔化，但不流淌为准。

（2）当用水泥加黄油密封时，其质量比应为 (2.5~3)∶1。应用三角刀将密封材料均匀地刮涂在试件侧面上，厚度应为 1~2mm。应套上试模并将试件压入，应使试件与试模底齐平。试件密封也可以采用其他更可靠的密封方式。

（3）在试件准备好之后，启动抗渗仪，并开通 6 个试位下的阀门，使水从 6 个孔中渗出，水应充满试位坑，在关闭 6 个试位下的阀门后应将密封好的试件安装在抗渗仪上。

（4）在试验时，水压应从 0.1MPa 开始，以后应每隔 8h 增加 0.1MPa 水压，并应随时观察试件端面渗水情况。

（5）当 6 个试件中有 3 个试件表面出现渗水时，或加至规定压力（设计抗渗等级）在 8h 内 6 个试件中表面渗水试件少于 3 个时，可停止试验，并记下此时的水压力。在试验过程中，当发现水从试件周边渗出时，应重新进行密封。

（6）采用全自动抗渗仪应参照仪器说明书进行试验。

五、抗渗试验结果与确定

混凝土的抗渗等级应以每组 6 个试件中有 4 个试件未出现渗水（2 个试件出现渗水）时的最大水压力（H）乘以 10 来确定：

$$P = 10H \qquad (6-1)$$

注：若压力加至 1.2MPa，经过 8h，第三个试件仍未渗水，则停止试验，试件的抗渗标号以 P12 表示。

抗渗等级的确定可能会有以下 3 种情况：

（1）当一次加压后，在 8h 内 6 个试件中有 2 个试件出现渗水时（此时的水压力为 H），则此组混凝土抗渗等级为：

$$P = 10H$$

（2）当一次加压后，在 8h 内 6 个试件中有 3 个试件出现渗水时（此时的水压力为 H），则此组混凝土抗渗等级为：

$$P = 10H - 1 \qquad (6-2)$$

（3）当加压至规定数字或者设计指标后，在 8h 内 6 个试件中表面渗水的试件少于 2 个（此时的水压力为 H），则此组混凝土抗渗等级为：

$$P > 10H \qquad (6-3)$$

六、抗渗试验注意事项

（1）抗渗试验试模为圆台形，必须定期对试模进行核查，保证尺寸公差符合标准规定。

（2）抗渗试件表面必须进行刷毛处理，以消除边界效应的影响，宜在拆模时进行刷毛处理。

（3）抗渗混凝土抗渗性能取决于混凝土密实度，必须规范制作试件，保证混凝土密实度。安装试件必须密封好。

（4）安装试件前必须先启动抗渗仪，检查压水是否正常。当试验过程中出现意外事故，如停电而停止试验时应记录下当时的加压数值，等恢复电力后，继续进行检测，如果中断时间过长则重新试验。对由手动加压的设备，停电时可按设备说明书进行手动加压。

（5）不同标准中抗渗等级的表示符号不尽不同，部分标准的 S、W 与本书中的 P 含义相同。

（6）全自动自密封抗渗仪全程都是设备自主运行，需要人工监督设备性能是否稳定。

第二节 混凝土抗冻试验

混凝土在大气中经历反复冻融而遭受破坏，这种破坏作用是由表及里不断积累的。

主要原因是当冰在毛细管中形成时，所伴随的体积增加引起剩余水被压缩而产生的水压力以及过冷水迁移造成的渗透压力；其次是空隙中的水全部结冰时体积增加产生的膨胀压力。混凝土的抗冻融性能是指混凝土试件在水冻水融条件下，经受数次或规定次数快速冻融循环的抗冻性能的能力高低。冻融循环作用是造成混凝土破坏的最严重因素。因此，抗冻性是评价混凝土耐久性的主要指标。

混凝土的抗冻标号是用慢冻法测得的最大冻融循环次数来划分的，分为D25、D50、D100、D150、D200、D250、D300及以上；混凝土的抗冻等级是用快冻法测得的最大冻融循环次数来划分的，分为F50、F100、F150、F200、F250、F300及以上。

测试混凝土抗冻融性能有3种方法：慢冻法，快冻法和单面循环法。这里主要介绍混凝土慢冻法和快冻法试验。

一、慢冻法

慢冻法适用于测定混凝土试件在气冻水融条件下，以经受的冻融循环次数来表示的混凝土抗冻性能。

1. 慢冻法抗冻试验所采用的试件应符合下列规定

（1）试验应采用尺寸为100mm×100mm×100mm的立方体试件。

（2）慢冻法试验所需要的试件组数应符合表6-1的规定，每组试件应为3块。

表6-1 慢冻法试验所需的试件组数

设计抗冻标号	D25	D50	D100	D150	D200	D250	D300	D300以上
检查强度所需冻融次数	25	50	50及100	100及150	150及200	200及250	250及300	300及设计次数
鉴定28d强度所需试件组数	1	1	1	1	1	1	1	1
冻融试件组数	1	1	2	2	2	2	2	2
对比试件组数	1	1	2	2	2	2	2	2
总计试件组数	3	3	5	5	5	5	5	5

2. 试验设备应符合下列规定

（1）冻融试验箱应能使试件静止不动，并应通过气冻水融进行冻融循环。在满载运转的条件下，冷冻期间冻融试验箱内空气的温度应能保持在$-20\sim-18℃$；融化期间冻融试验箱内浸泡混凝土试件的水温应能保持在$18\sim20℃$；满载时冻融试验箱内各点温度极差不应超过$2℃$。

（2）当采用自动冻融设备时，控制系统还应具有自动控制、数据曲线实时动态显示、断电记忆和试验数据自动存储等功能。

（3）试件架应采用不锈钢或者其他耐腐蚀的材料制作，其尺寸应与冻融试验箱和所装的试件相适应。

（4）称量设备的最大量程应为20kg，感量不应超过5g。

（5）压力试验机应符合现行国家标准GB/T 50081的相关要求。

（6）温度传感器的温度测量范围不应小于$-20\sim20℃$，测量精度应为$±0.1℃$。

3. 慢冻试验应按照下列步骤进行

（1）在标准养护室内或同条件养护的冻融试验的试件应在养护龄期为 24d 时将试件从养护地点取出，随后应将试件放在 20℃±2℃ 水中浸泡，浸泡时水面应高出试件顶面 20~30mm，在水中浸泡的时间应为 4d，试件应在 28d 龄期时开始进行冻融试验。对于始终在水中养护的试件，当试件养护龄期达到 28d 时，可直接开始进行冻融试验，并应在试验报告中予以说明。

（2）当试件养护龄期达到 28d 时应及时取出冻融试验试件，用湿布擦除表面水分后应对外观尺寸进行测量，试件的外观尺寸应满足要求，并应分别编号、称重，然后按编号置入试件架内，且试件架与试件的接触面积不宜超过试件底面的 1/5。试件与箱壁之间应至少留有 20mm 的空隙。试件架中各试件之间应至少保持 30mm 的空隙。

（3）冷冻时间应在冻融箱内温度降至 −18℃ 时开始计算。每次从装完试件到温度降至 −18℃ 所需的时间应在 1.5~2.0h；冻融箱内温度在冷冻时应保持在 −20~−18℃。

（4）每次冻融循环中试件的冷冻时间不应小于 4h。

（5）在冷冻结束后，应立即加入温度为 18~20℃ 的水，使试件转入融化状态，加水时间不应超过 10min。控制系统应确保在 30min 内，水温不低于 10℃，且在 30min 后水温能保持在 18~20℃。冻融箱内的水面应至少高出试件顶面 20mm。融化时间不应小于 4h。融化完毕视为该次冻融循环结束，可进入下一次冻融循环。

（6）每 25 次循环宜对冻融试件进行一次外观检查。当出现严重破坏时，应立即进行称重。当试件的质量损失率超过 5% 时，可停止其冻融循环试验。

（7）试件在达到规定的冻融循环次数后，试件应称重并进行外观检查，应详细记录试件表面破损、裂缝及边角缺损情况。当试件表面破损或者边角缺损时，应先用高强石膏找平，然后应进行抗压强度试验。抗压强度试验应符合现行国家标准 GB/T 50081 的相关规定。

（8）当冻融循环因故中断且试件处于冷冻状态时，试件应继续保持冷冻状态，直至恢复冻融试验为止，并应将故障原因及暂停时间在试验结果中注明。当试件处在融化状态下因故中断时，中断时间不应超过两个冻融循环的时间。在整个试验过程中，超过两个冻融循环时间的中断故障次数不应超过两次。

（9）当部分试件由于失效破坏或者停止试验被取出时，应用空白试件填充空位。

（10）对比试件应继续保持原有的养护条件，直到完成冻融循环后，与冻融试验的试件同时进行抗压强度试验。

4. 当冻融循环出现下列 3 种情况之一时，可停止试验

（1）达到规定的循环次数；

（2）抗压强度损失率已达到 25%；

（3）质量损失率已达到 5%。

5. 试验结果计算及处理应符合下列规定

（1）强度损失率应按式（6-4）进行计算：

$$\Delta f_c = \frac{f_{c0} - f_{cn}}{f_{c0}} \times 100\% \tag{6-4}$$

式中　Δf_c——N 次冻融循环后的混凝土抗压强度损失率（%），精确至 0.1；

f_{c0}——对比用的一组标准养护混凝土试件的抗压强度测定值（MPa），精确至 0.1MPa；

f_{cn}——经 N 次冻融循环后的一组混凝土试件抗压强度测定值（MPa），精确至 0.1MPa。

（2）f_{c0} 和 f_{cn} 应以 3 个试件抗压强度试验结果的算术平均值作为测定值。当 3 个试件抗压强度最大值或最小值与中间值之差的绝对值超过中间值的 15% 时，应剔除此值，再取其余两值的算术平均值作为测定值；当最大值和最小值与中间值之差的绝对值均超过中间值的 15% 时，应取中间值作为测定值。

（3）单个试件的质量损失率应按式（6-5）计算：

$$\Delta W_{ni} = \frac{W_{0i} - W_{ni}}{W_{0i}} \times 100\% \tag{6-5}$$

式中 ΔW_{ni}——N 次冻融循环后第 i 个混凝土试件的质量损失率（%），精确至 0.01；

W_{0i}——冻融循环试验前第 i 个混凝土试件的质量（g）；

W_{ni}——N 次冻融循环后第 i 个混凝土试件的质量（g）。

（4）一组试件的平均质量损失率应按式（6-6）计算：

$$\Delta W_n = \frac{\sum\limits_{i=1}^{3} \Delta W_{ni}}{3} \times 100\% \tag{6-6}$$

式中 ΔW_{ni}——N 次冻融循环后一组混凝土试件的平均质量损失率（%），精确至 0.1。

（5）每组试件的平均质量损失率应以 3 个试件的质量损失率试验结果的算术平均值作为测定值。当某个试验结果出现负值时，应取 0 值，再取 3 个试件的算术平均值。当 3 个值中的最大值或最小值与中间值之差的绝对值超过中间值的 1% 时，应剔除此值，再取其余两值的算术平均值作为测定值；当最大值和最小值与中间值之差的绝对值均超过中间值的 1% 时，应取中间值作为测定值。

（6）抗冻标号应以抗压强度损失率不超过 25% 或者质量损失率不超过 5% 时的最大冻融循环次数确定。

二、快冻法

混凝土快冻法试验是测定混凝土试件在水冻水融的条件下，以经受的快速冻融循环次数来表示的混凝土抗冻性能。

1. 试验设备应符合下列规定

（1）试件盒（图 6-1）宜采用具有弹性的橡胶材料制作，其内表面底部和侧面宜有半径为 3mm 橡胶凸起部分。盒内加水后水面应至少高出试件顶面 5mm。试件盒横截面尺寸宜为 115mm×115mm，试件盒长度宜为 500mm。

（2）快速冻融设备应符合现行行业标准《混凝土抗冻试验设备》JG/T 243 的规定。应在冻融箱中心、中心与任何一条对角线的两端分别设有温度传感器。运转时冻融箱内各点温度的极差不得超过 2℃。快速冻融设备应预留与快冻试验标准测温试件中温度传感器相连接的接口。

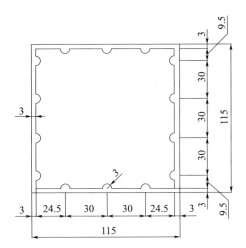

图 6-1 橡胶试件盒横截面示意图（mm）

（3）称量设备的最大量程应为 20kg，感量不应超过 5g。

（4）混凝土动弹性模量测定仪应符合标准规定。

（5）温度传感器（包括热电偶、电位差计等）应在－20～20℃范围内测定温度，且测量精度应为±0.1℃。

（6）测温试件宜采用快冻试验标准测温试件，测温试件的冻融介质应与试验试件的冻融介质一致。

2. 快冻法抗冻试验所采用的试件应符合如下规定

（1）快冻法抗冻试验应采用尺寸为 100mm×100mm×400mm 的棱柱体试件，每组试件应为 3 块。

（2）在成型试件时，不宜采用憎水性脱模剂。

3. 快冻试验应按照下列步骤进行

（1）在标准养护室内或同条件养护的试件应在养护龄期为 24d 时，将冻融试验的试件从养护地点取出，随后应将冻融试件放在 20℃±2℃水中浸泡，浸泡时水面应高出试件顶面 20～30mm。在水中浸泡时间应为 4d，试件应在 28d 龄期时开始进行冻融试验。对于始终在水中养护的试件，当试件养护龄期达到 28d 时，可直接开始进行冻融试验，并应在试验报告中予以说明。

（2）当试件养护龄期达到 28d 时应及时取出试件，用湿布擦除表面水分后应对外观尺寸进行测量，试件的外观尺寸应满足标准要求，并应编号、称量试件初始质量 W_{0i}；然后测定其横向基频的初始值 f_{0i}。

（3）将试件放入试件盒内，试件应位于试件盒中心，然后将试件盒放入冻融箱内的试件架中，并向试件盒中注入清水。在整个试验过程中，盒内水位高度应始终保持至少高出试件顶面 5mm。

（4）测温试件盒应放在冻融箱的中心位置。

（5）冻融循环过程应符合下列规定：

① 每次冻融循环应在 2～4h 内完成，且用于融化的时间不得少于整个冻融循环时间的 1/4；

② 在冷冻和融化过程中，试件中心最低和最高温度应分别控制在$-18℃\pm2℃$和$5℃\pm2℃$。在任意时刻，试件中心温度不得高于$7℃$，且不得低于$-20℃$；

③ 每块试件从$3℃$降至$-16℃$所用的时间不得少于冷冻时间的$1/2$。每块试件从$-16℃$升至$3℃$所用时间不得少于整个融化时间的$1/2$，试件内外的温差不宜超过$28℃$；

④ 冷冻和融化之间的转换时间不宜超过$10min$。

（6）每隔25次冻融循环宜测量试件的横向基频f_{ni}。测量前应先将试件表面浮渣清洗干净并擦干表面水分，然后应检查其外部损伤并称量试件的质量W_{ni}。随后应按标准规定的方法测量横向基频。测完后，应迅速将试件调头重新装入试件盒内并加入清水，继续试验。试件的测量、称量及外观检查应迅速，待测试件应用湿布覆盖。

4. 当冻融循环出现下列情况之一时，可停止试验

（1）达到规定的冻融循环次数；

（2）试件的相对动弹性模量下降到60%以下；

（3）试件的质量损失率达到5%。

5. 试验结果计算及处理应符合下列规定

（1）相对动弹性模量应按式（6-7）计算：

$$P_i = \frac{f_{ni}^2}{f_{0i}^2} \times 100 \tag{6-7}$$

式中　P_i——经N次冻融循环后第i个混凝土试件的相对动弹性模量（$\%$），精确至0.1；

f_{ni}——经N次冻融循环后第i个混凝土试件的横向基频（Hz）；

f_{0i}——冻融循环试验前第i个混凝土试件横向基频初始值（Hz）；

$$P = \frac{1}{3}\sum_{i=1}^{3} P_i \tag{6-8}$$

式中　P——经N次冻融循环后一组混凝土试件的相对动弹性模量（$\%$），精确至0.1。

相对动弹性模量P_n应以3个试件试验结果的算术平均值作为测定值。当最大值或最小值与中间值之差超过中间值的15%时，应剔除此值，并应取其余两值的算术平均值作为测定值；当最大值和最小值与中间值之差均超过中间值的15%时，应取中间值作为测定值。

（2）单个试件的质量损失率应按式（6-9）计算：

$$\Delta W_{ni} = \frac{W_{0i} - W_{ni}}{W_{0i}} \tag{6-9}$$

式中　ΔW_{ni}——N次冻融循环后第i个混凝土试件的质量损失率（$\%$），精确至0.01；

W_{0i}——冻融循环试验前第i个混凝土试件的质量（g）；

W_{ni}——N次冻融循环后第i个混凝土试件的质量（g）。

（3）一组试件的平均质量损失率应按式（6-10）计算：

$$\Delta W_n = \frac{\sum_{i=1}^{3} \Delta W_{ni}}{3} \tag{6-10}$$

式中　ΔW_n——N次冻融循环后一组混凝土试件的平均质量损失率（$\%$），精确至0.1。

（4）每组试件的平均质量损失率应以 3 个试件的质量损失率试验结果的算术平均值作为测定值。当某个试验结果出现负值时，应取 0 值，再取 3 个试件的平均值。当 3 个值中的最大值或最小值与中间值之差的绝对值超过中间值的 1％时，应剔除此值，并应取其余两值的算术平均值作为测定值；当最大值和最小值与中间值之差的绝对值均超过中间值的 1％时，应取中间值为测定值。

（5）混凝土抗冻等级应以相对动弹性模量下降至不低于 60％或者质量损失率不超过 5％时的最大冻融循环次数来确定，并用符号 P_n 表示。

三、抗冻试验注意事项

（1）快冻法当有试件停止试验被取出时，应另用其他试件填充空位。当试件在冷冻状态下因故中断时，试件应保持在冷冻状态，直至恢复冻融试验为止，并应将故障原因及暂停时间在试验结果中注明。试件在非冷冻状态下发生故障的时间不宜超过两个融循环的时间。在整个试验过程中，超过两个冻融循环时间的中断故障次数不得超过两次。

（2）试验结果的取值要求和抗压强度、抗折强度取值规定不同，务必注意。

（3）快冻法抗冻等级用符号 F 表示，而慢冻法抗冻标号是用符号 D 表示，注意两者区别。混凝土抗冻试验慢冻法和快冻法是两种不同的方法，试验设备、混凝土试件尺寸、冻融循环试件和试验结果评定都不相同。

（4）由于慢冻试验方法试验周期长，劳动强度大，环境和人为因素影响较大，应引起关注。

第三节　其他耐久性试验

一、抗氯离子渗透试验

氯盐侵蚀是造成钢筋锈蚀的主要因素之一，氯离子不仅能破坏钢筋表面的钝化膜，还是很好的导电介质，使得钢筋易发生锈蚀[16]。氯离子还能与混凝土中的水化产物结合，生成膨胀性物质，能对混凝土造成一定的损伤。混凝土抗氯离子渗透性的能力越来越被重视，被作为评价混凝土耐久性的一项重要指标。

混凝土渗透性电测评价方法是近年发展较快的检测与评价技术之一。由于传统渗水压法不能适应现代混凝土，特别是高强、高性能混凝土渗透性的评价，各国在 20 世纪 80 年代即开始研究各种新的技术来检测或评价混凝土的渗透性，包括透气法、透水法、电测法等。其中电测法是发展最快的，以电通量法和快速氯离子迁移系数法（RCM）应用最为普遍。

1. 快速氯离子迁移系数法（或称 RCM 法）

RCM 法是将一定尺寸的试件养护到规定龄期，经切割处理成标准试件后在真空容器中进行真空处理，然后放入 RCM 试验装置中进行电迁移试验，在外加电场作用下加速氯离子在混凝土中的迁移速度，测定氯离子渗透深度，计算氯离子迁移系数。

RCM 法适用于测定氯离子在混凝土中非稳态迁移的迁移系数来确定混凝土抗氯离子渗透性能。

2. 电通量法

电通量法是将一定尺寸的试件养护到规定龄期经真空饱水后，将物质的量浓度为 0.3mol/L 的 NaOH 溶液和质量浓度为 3％的 NaCl 溶液分别注入试验槽，施加 60V±0.1V 直流恒电压，通电 6h，记录流过的电量。

电通量法适用于测定通过混凝土试件的电通量指标来确定混凝土抗氯离子渗透性能。该方法不适用于掺亚硝酸盐和钢纤维等良导电材料的混凝土抗氯离子渗透试验。

二、碳化试验

混凝土碳化是指大气中的二氧化碳在有水分存在的条件下，与水泥水化产物发生反应生成 $CaCO_3$ 和水，还可能生成硅胶、铝胶等的一种化学作用。国内外的大量碳化试验与碳化调查结果表明，混凝土的碳化速度主要取决于二氧化碳的扩散速度和二氧化碳与混凝土中可碳化物质的反应性。二氧化碳气体的扩散速度与混凝土本身的密实性、二氧化碳气体的浓度、环境温度及湿度有关，碳化反应与混凝土中氢氧化钙的含量、水化产物的形态及环境的温湿度等因素有关，这些影响因素可以归结为与环境有关的外部因素和与混凝土本身有关的内部因素[17]。

混凝土的碳化一般是不可避免的，但是采取适当措施可以延缓碳化速度：如降低水胶比，掺加优质矿物掺和料，提高混凝土的密实度；选择水化时产生 $Ca(OH)_2$ 数量多的水泥；掺加引气剂和减水剂，引气剂能形成许多独立的微小气泡，隔断连通的毛细管，减水剂能降低水胶比，减少毛细孔数量，细化毛细孔径。此外，可增设表面覆盖材料，即在混凝土表面覆盖一层其他材料（如聚合物乳液改性砂浆），使混凝土与空气隔离，延缓或减小碳化速度[18]。

混凝土碳化试验是在二氧化碳浓度 20％±3％、温度 20℃±2℃、湿度 70％±5％的条件下测定试件的碳化深度，作为不同龄期混凝土试件的碳化值。此条件下 28d 碳化深度一般在 0~15mm，大致相当于自然环境中 50 年的碳化深度。

碳化试验适用于测定在一定浓度的二氧化碳气体介质中混凝土试件的碳化程度。

三、钢筋锈蚀

钢筋锈蚀是钢筋混凝土构件耐久性破坏的主要形式之一。钢筋锈蚀使钢筋有效截面减小，同时钢筋锈蚀产物体积膨胀破坏混凝土保护层，钢筋与混凝土黏结力下降，破坏钢筋混凝土共同工作基础，严重影响混凝土结构的安全性和正常使用。

钢筋混凝土中钢筋发生锈蚀主要是电化学反应的结果。水泥水化产物产生强碱环境，钢筋在强碱环境中发生钝化反应，产生一层致密的钝化膜。正常情况下，钝化膜能够保护钢筋，不会发生锈蚀。当混凝土受外力破坏或化学侵蚀造成钝化膜局部破损时，失去保护的钢筋在具有氧气和水的环境中就会逐渐发生电化学腐蚀。

钢筋锈蚀试验是在 100mm×100mm×300mm 的棱柱体试件中埋设直径为 6.5mm 经处理过的 Q235 普通低碳钢热轧盘条，混凝土试件拆模后在端部封闭不小于 20mm 厚的保护层并潮湿养护 24h，然后标养至 28d 后开始碳化 28d，继续移入标养室潮湿养护 56d，测出碳化深度后取出钢筋，计算钢筋的锈蚀失重率，作为评定钢筋锈蚀的依据。

混凝土钢筋锈蚀试验方法适用于测定在给定条件下（碳化条件）混凝土中钢筋的锈蚀程度。本方法不适用于在侵蚀性介质中混凝土内的钢筋锈蚀试验。

四、抗硫酸盐侵蚀试验

硫酸盐侵蚀是指硫酸盐与混凝土结构基体中水泥水化产物发生化学反应产生膨胀，导致混凝土膨胀破坏，进而使混凝土结构失去完整性和稳定性。硫酸盐侵蚀是混凝土化学侵蚀中最广泛和最普通的形式[19]。

硫酸盐侵蚀是一个复杂的过程。其中包含许多次生过程，硫酸盐侵蚀引起的危害性包括混凝土的整体开裂和膨胀以及水泥浆体的软化和分解[19]。SO_4^{2-}的来源非常广泛，浓度小时，对混凝土影响不大，随着SO_4^{2-}浓度的增加，其影响呈线性上升。

混凝土抗硫酸盐侵蚀的评价方法是将养护到一定龄期的试件干燥处理后放入干湿循环试验装置，在5%的Na_2SO_4溶液中浸泡一定时间，干燥升温保持一定时间，再予冷却，冷却到规定温度保持一定时间，经过这样的若干次干湿循环后，当抗压强度耐蚀系数达到75%、干湿循环次数达到150次或达到设计抗硫酸盐等级相应的干湿循环次数时可停止试验。

抗硫酸盐侵蚀试验适用于测定在干湿交替环境中遭受硫酸盐侵蚀的混凝土试件，以能够经受的最大干湿循环次数来表示混凝土抗硫酸盐侵蚀性能。混凝土抗硫酸盐等级应以混凝土抗压强度耐蚀系数下降到不低于75%时的最大干湿循环次数来确定，表示符号为KS。

五、碱-骨料反应试验

碱-骨料反应是指混凝土中的碱与骨料中的活性成分发生化学反应，反应生成物吸水膨胀后产生内部应力并膨胀开裂，使结构耐久性下降。碱-骨料反应是影响混凝土耐久性的重要因素，来自水泥、掺和料和外加剂等的可溶性碱在有水的作用下与碱活性骨料中的某些组分之间发生的反应，会在界面生成可吸水膨胀的凝胶或晶体，使混凝土膨胀破坏[13]。碱-骨料反应非常复杂，影响因素包含水泥中的含碱量、骨料的矿物组成、气候条件及环境条件等，解决碱-骨料反应是一大难题[20]。

碱-骨料反应按照反应组分可分两类。一类是碱-硅酸反应（简称ASR），是碱与骨料中活性二氧化硅反应，生成碱硅凝胶，碱硅凝胶吸水膨胀导致结构破坏。另一类是碱-碳酸盐反应（简称ACR），碱与骨料中微晶白云石反应生成水镁石和方解石，在白云石表面和周围介质之间的有限空间结晶生长，导致混凝土膨胀开裂破坏。

碱-骨料反应的3个必要条件：混凝土中有足够量的可溶性碱，骨料具有碱活性，有水的环境（潮湿环境）。缺少任何一个必要条件，碱-骨料反应都不会发生。碱-骨料反应潜伏期很长，可以长达30～50年，危害很大，可以造成结构整体破坏且无法修补，因此检测骨料潜在碱活性是非常必要且意义重大。

混凝土碱-骨料反应试验方法是检验混凝土试件在温度38℃及潮湿养护条件下，混凝土由于碱-骨料反应引起的长度变化，来评价细骨料、粗骨料或粗细混合骨料的潜在膨胀活性。适用于碱-硅酸反应和碱-碳酸反应。

第四节　混凝土长期性能试验（收缩与抗裂）

由于混凝土品种增多以及矿物掺和料、外加剂等广泛使用，导致某些混凝土的早期收缩明显增大。混凝土收缩性能和早期抗裂性能对混凝土的耐久性至关重要，通过测定混凝土的收缩性能和早期抗裂性能的相关指标，准确地评价混凝土的耐久性，对混凝土耐久性研究和生产具有重要意义。

一、收缩试验

混凝土收缩性能检测方法分为非接触法、接触法和波纹管法。3 种检测试件尺寸、试验条件和试验取值都相同。

混凝土自初凝开始收缩变形，此时混凝土尚没有足够强度，因此宜采用非接触的方法测试其收缩变形。混凝土自初凝开始至接触法开始测试时间之间的体积变形测试方法采用非接触法，其后的测试方法仍采用接触法。

1. 非接触法

适用范围：适用于测定早龄期混凝土的自由收缩变形，也可用于无约束状态下混凝土自收缩变形的测定。

非接触法主要用来测试 3d 以内的混凝土收缩值，3d 以后收缩值采用接触法进行测试，所以规定混凝土早期收缩值以 3d 龄期测试得到的收缩值为准。3d 龄期是以混凝土搅拌加水开始计算，但早期收缩从混凝土初凝或者接近初凝开始进行测试。

混凝土早龄期（如前 3d）的体积变形最为复杂，包括全部塑性沉降收缩，自生收缩、水泥水化的化学收缩以及混凝土表面失水产生的干燥收缩在早龄期也占较大比例。因此若采用试件标养 3d 后测量变形的方法，只能测量从标准养护室移入恒温恒湿室开始的试件长度变化量，无法反映早龄期 3d 之内的长度变化情况。而混凝土的早期收缩是不可以忽略的。

由于混凝土早期收缩测试间隔时间短，测试频繁，为了保证测试数据记录的及时性和准确性，减轻测试人员人工读数的负担，非接触法混凝土收缩变形测定仪的测试数据应采用计算机全自动采集、处理。

试件为 100mm×100mm×515mm 的棱柱体。每组应为 3 个试件。收缩试验应在恒温恒湿环境中进行，室温应保持在 20℃±2℃，相对湿度应保持在 60%±5%。试件应放置在不吸水的搁架上，底面应架空，每个试件之间的间隙应大于 30mm。

每组应取 3 个试件测试结果的算术平均值作为该组混凝土试件的早龄期收缩测定值，计算应精确到 $1.0×10^{-6}$。当最大值或最小值与中间值之差超过中间值的 15% 时，应剔除此值，再取其余两值的平均值作为测定值；当最大值和最小值均超过中间值的 15% 时，应取中间值作为测定值。作为相对比较的混凝土早龄期收缩值应以 3d 龄期测试得到的混凝土收缩值为准。

2. 接触法

适用范围：适用于测定在无约束和规定的温湿度条件下硬化混凝土试件的收缩变形性能。

测量设备分为卧式和立式两种混凝土收缩仪。作为相互比较的混凝土收缩率值应为不密封试件于 180d 所测得的收缩率值。可将不密封试件于 360d 所测得的收缩率值作为该混凝土的最终收缩率值。

3. 波纹管法

适用范围：测定无约束条件下混凝土的早期自收缩性能。

波纹管应采用低密度聚乙烯波纹管，波纹管长度应为 430mm±2mm，外径应为 80mm±1mm，管壁厚度应为 0.5mm±0.05mm。

二、早期抗裂试验

本方法是评价混凝土抗裂性能的试验方法，模拟工程中钢筋限制混凝土的状态，更加贴近工程现场的实际情况。近年来的实践表明，本方法适用于测试混凝土试件在约束条件下的早期抗裂性能。尤其适用于评价纤维对混凝土早期抗裂性能的影响，以及评价混凝土构件在大风不易覆盖养护环境中及约束条件下的早期抗裂性能。此外，本方法试验结果受混凝土拌和物状态影响显著，试验时应确保混凝土没有离析、泌水的情况；在进行对比试验时，应保证基准组与对比组的混凝土拌和物状态基本一致。

试件采用尺寸为 800mm×600mm×100mm 的平面薄板型试件，每组应至少有 2 个试件（图 6-2）。在试件成型制作时，需注意混凝土密实性、平整度和试件厚度，试件太厚和太薄均影响试验结果。

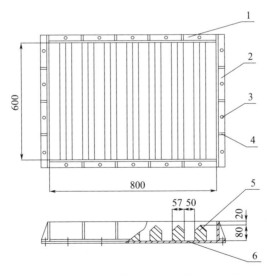

图 6-2　混凝土早期抗裂试验装置示意图
1—长侧板；2—短侧板；3—螺栓；4—加强肋；5—裂缝诱导器；6—底板

混凝土早期抗裂试验装置应采用钢制模具，模具的四边（包括长侧板和短侧板）用槽钢或角钢焊接。模具内设有 7 根裂缝诱导器。底板采用不小于 5mm 厚的钢板，并在底板表面铺设聚乙烯薄膜或者聚四氟乙烯片做隔离层。

试验在温度为 20℃±2℃，相对湿度为 60%±5% 的恒温恒湿室中进行，开始测读裂缝的时间统一规定为 24h。从混凝土搅拌加水开始计算时间，通常 24h 后裂缝即发展稳定，变化不大。

每组应分别以 2 个或多个试件的平均开裂面积（单位面积上的裂缝数目或单位面积上的总开裂面积）的算术平均值作为该组试件平均开裂面积（单位面积上的裂缝数目或单位面积上的总开裂面积）的测定值。

需要计算的开裂指标有 3 个，分别为平均开裂面积、单位面积裂缝数目、单位面积总开裂面积。计算裂缝面积时一般采用单位面积上的总开裂面积来比较和评价混凝土的早期抗裂性能。

注意事项：混凝土收缩性能和抗早期开裂性能试验数据的精确度要求很高，因此对试验设备和试验操作的精确度和可靠度都有严格的要求，对试验误差要求严格，应引起高度重视。

第五节　补偿收缩混凝土的限制膨胀率试验

由膨胀剂或膨胀水泥配制的自应力为 0.2～1.0MPa 的混凝土称为补偿收缩混凝土。膨胀剂可在混凝土中产生适量膨胀来抵抗干缩和冷缩，改善混凝土的孔结构，以避免或减少裂缝的危害。通过调整膨胀剂的掺加量，在限制条件下，可获得自应力值为 0.2～0.7MPa 的补偿收缩混凝土，用以补偿因混凝土收缩产生的拉应力、提高混凝土的抗裂性能和改善变形性质。增大掺量可获得自应力值为 0.5～1.0MPa 的自应力混凝土，用于后浇带、连续浇筑时预设的膨胀加强带以及接缝工程填充用混凝土。

一、限制膨胀率指标要求

补偿收缩混凝土的设计、施工及验收应符合标准《补偿收缩混凝土应用技术规程》（JGJ/T 178—2009）的有关规定。补偿收缩混凝土的限制膨胀率应符合表 6-2 的规定。

表 6-2　补偿收缩混凝土的限制膨胀率

用途	限制膨胀率（%）	
	水中 14d	水中 14d 转空气中 28d
用于补偿混凝土收缩	≥0.015	≥-0.030
用于后浇带、膨胀加强带和工程接缝填充	≥0.025	≥-0.020

补偿收缩混凝土配合比试验的限制膨胀率应比设计值高 0.005%。补偿收缩混凝土限制膨胀率的试验和检验应按照现行国家标准《混凝土外加剂应用技术规范》（GB 50119）的有关规定进行。

对于补偿收缩混凝土的限制膨胀率的检验，应在浇筑地点制作限制膨胀率试件，并应符合下列规定：

（1）对于配合比试配，应至少进行一组限制膨胀率试验，试验结果应满足配合比设计要求。

（2）施工过程中，对于连续生产的同一配合比的混凝土，应至少分成两个批次取样进行限制膨胀率试验，每个批次应至少制作一组试件，各批次的试验结果均应满足工程设计要求。

（3）对于多组试件的试验，应取平均值作为试验结果。

（4）限制膨胀率试验应按照现行国家标准（GB 50119）的有关规定进行。

二、限制膨胀率试验方法

1. 适用范围

补偿收缩混凝土的限制膨胀率测定方法适用于测定掺膨胀剂混凝土的限制膨胀率及限制干缩率。

2. 试验用仪器应符合下列规定

（1）测量仪可由电子千分表、支架和标准杆组成（图 6-3），千分表分辨率应为 0.001mm。

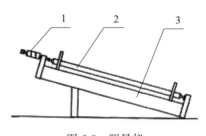

图 6-3 测量仪

1—电子千分表；2—标准杆；3—支架

（2）纵向限制器应符合下列规定：

纵向限制器应由纵向限制钢筋与钢板焊接制成（图 6-4）。

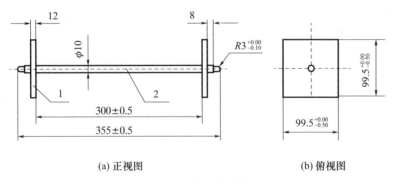

(a) 正视图   (b) 俯视图

图 6-4 纵向限制器

1—端板；2—钢筋

纵向限制钢筋应采用直径为 10mm、横截面面积为 78.54mm^2，且符合现行国家标准《钢筋混凝土用钢 第 2 部分：热轧带肋钢筋》（GB 1499.2）规定的钢筋。钢筋两侧应焊接 12mm 厚的钢板，材质应符合现行国家标准《碳素结构钢》（GB 700）的有关规定，钢筋两端点各 7.5mm 范围内为黄铜或不锈钢，测头呈球面状，半径为 3mm。钢板与钢筋焊接处的焊接强度不应低于 260MPa。

（3）纵向限制器不应变形，一般检验可重复使用 3 次，仲裁检验只允许使用 1 次。

（4）该纵向限制器的配筋率为 0.79%。

3. 试验室温度应符合下列规定

（1）用于混凝土试件成型和测量的试验室的温度应为 20℃±2℃。

（2）用于养护混凝土试件的恒温水槽的温度应为 20℃±2℃，恒温恒湿室温应为 20℃±2℃，湿度应为 60％±5％。

（3）每日应检查、记录温度变化情况。

4. 试件制作要求

试件制作应符合下列规定：

（1）用于成型试件的模型宽度和高度均应为 100mm，长度应大于 360mm。

（2）同一条件应有 3 条试件供测长用，试件全长应为 355mm，其中混凝土部分尺寸应为 100mm×100mm×300mm。

（3）首先应把纵向限制器具放入试模中，然后将混凝土一次装入试模，把试模放在振动台上振动至表面呈现水泥浆，不泛气泡为止，刮去多余的混凝土并抹平；然后把试件置于温度为 20℃±2℃的标准养护室内养护，试件表面用塑料布或湿布覆盖。

（4）应在成型 12～16h 且抗压强度达到 3～5MPa 后再拆模。

5. 试件测长和养护

试件测长和养护应符合下列规定：

（1）测长前 3h，应将测量仪、标准杆放在标准试验室内，用标准杆校正测量仪并调整千分表零点。测量前，应将试件及测量仪测头擦净。每次测量时，试件记有标志的一面与测量仪的相对位置应一致，纵向限制器的测头与测量仪的测头应正确接触，读数应精确至 0.001mm。

（2）不同龄期的试件应在规定时间±1h 内测量。试件脱模后应在 1h 内测量试件的初始长度。测量完初始长度的试件应立即放入恒温水槽中养护，应在规定龄期时进行测长。

（3）测长的龄期应从成型日算起，宜测量 3d、7d 和 14d 的长度变化。14d 后，应将试件移入恒温恒湿室中养护，应分别测量空气中 28d、42d 的长度变化。也可根据需要安排测量龄期。

（4）养护时，应注意不损伤试件测头。试件之间应保持 25mm 以上间隔，试件支点距限制钢板两端宜为 70mm。

6. 计算

各龄期的限制膨胀率应按式（6-11）计算，应取相近的 2 个试件测定值的平均值作为限制膨胀率的测量结果，计算值应精确至 0.001％。

$$\varepsilon = \frac{L_t - L}{L_0} \times 100 \qquad\qquad (6\text{-}11)$$

式中　ε——所测龄期的限制膨胀率（％）；

L_t——所测龄期的试件长度测量值（mm）；

L——初始长度测量值（mm）；

L_0——试件的基准长度（mm），取 300mm。

附：混凝土长期性能与耐久性能试验相关要求对照表（表 6-3）。

表 6-3　混凝土长期性能与耐久性能试验相关要求对照表

试验	执行标准	标准试模规格（mm）	试件数（组）	取值要求	准备试验龄期
抗渗试验	GB/T 50082—2009	175×185×150	6		27d
抗冻融试验（慢）		100×100×100	3	三个平均值。f（W）：谁大于中间值15%（1%），被剔除，剩两个平均；两个都大，取中间值	24d
抗冻融试验（快）		100×100×400	3	三个平均值。P（W）：谁大于中间值15%（1%），被剔除，剩两个平均；两个都大，取中间值	24d
收缩试验		100×100×515	3	三个平均值。ε：谁大于中间值15%（1%），被剔除，剩两个平均；两个都大，取中间值	根据要求
早期抗裂		800×600×100	≥2	平均值	24±0.5h
限制膨胀率	JGJ/T 178—2009	100×100×300（全长355）	3	取相近的2个试件测定值的平均值	根据要求

第七章　试验检测仪器设备管理

在混凝土试验过程中，仪器设备的量值是否准确统一，对保证试验的开展及试验结果的准确至关重要。

《中华人民共和国计量法实施细则》规定：企业、事业单位应当配备与生产、科研、经营管理相适应的计量检测设施，制定具体的检定管理办法和规章制度，规定本单位管理的计量器具明细目录及相应的检定周期，保证使用的非强制检定的计量器具定期检定；任何单位和个人不准在工作岗位上使用无检定合格印、证或者超过检定周期以及经检定不合格的计量器具。《预拌混凝土质量管理规程》（DB11/T 385—2019）和《建设工程检测试验管理规程》（DB11/T 386—2017）依据计量法实施细则对预拌混凝土试验仪器设备的配备、使用及管理做出了明确规定。

预拌混凝土企业应依据相应的法律法规、标准规程的要求，配备相应的试验仪器设备，建立仪器设备管理制度和安全操作规程，配备仪器设备管理人员，对仪器设备进行分类管理，建立仪器设备档案及管理台账，定期进行设备计量（其方式包括检定、校准和测试），确保计量检测具有量值溯源性。

第一节　试验设备仪器配备、检定或校准及确认

一、设备仪器配备、检定或校准

预拌混凝土生产企业按需要开展的试验配备符合要求的试验仪器与设备（配备及要求参见表7-1），各种仪器设备布局应合理，工作场所及环境需能够满足试验需要，仪器设备在首次使用前和使用中应按要求进行检定或校准，检定周期应符合《建设工程检测试验管理规程》（DB11/T 386—2017）附录A，并做好维护、保养，当仪器设备出现下列情况之一时，应重新进行校准或检定：

（1）维修、改造或移动后可能对检测试验结果有影响的；

（2）超过校准或检定有效期；

（3）停用超过校准或检定有效期后再次投入使用前；

（4）出现其他可能对检测试验结果有影响的情况。

二、确认

在仪器设备校准或检定后，企业技术负责人应针对校准或测试结果进行确认，确认其是否符合相应设备规程、试验方法标准的要求，并留存确认记录。确认未达到要求的设备仪器经检修或维护后，需重新校准、确认。

表 7-1　搅拌站试验仪器及设备配备及要求一览表

种类	试验项目	主要试验设备及要求	试验标准适用	检定/校准周期
水泥 粉煤灰 矿粉 膨胀剂	细度 比表面积 凝结时间 安定性 胶砂强度 烧失量 需水量比 流动度比 活性指数 (搅拌成型过程)	电动抗折试验机：符合《水泥胶砂电动抗折试验机》(JC/T 724)的要求	《水泥胶砂强度检验方法 ISO 法》(GB/T 17671—2021)	1 年
		压力试验机：最大荷载 200kN/300kN，精度±1%		1 年
		天平　1. 精度为±1g	《水泥标准稠度用水量、凝结时间、安定性检验方法》(GB/T 1346—2011)	1 年
		2. 最大称量不小于 1000g，分度值不大于 1g	《水泥密度测定方法》(GB/T 208—2014)	
		3. 量程不小于 100g，最小分度值不大于 0.01g	《水泥比表面积测定方法 勃氏法》(GB/T 8074—2008)	
		4. 分度值为 0.001g	《水泥化学分析方法》(GB/T 176—2017)	
		5. 精确至 0.0001g		
		勃氏比表面积透气仪：符合《勃氏透气仪》(JC/T 956)的要求	《水泥比表面积测定方法 勃氏法》(GB/T 8074—2008)	1 年
		水泥标准养护箱：温度 20℃±1℃，相对湿度不低于 90%	《水泥胶砂强度检验方法(ISO 法)》(GB/T 17671—2021)	1 年
		水泥净浆搅拌机：符合《水泥净浆搅拌机》(JC/T 729)的要求		2 年
		标准法维卡仪：符合《水泥标准稠度用水量、凝结时间、安定性检验方法》(GB/T 1346)的要求[代用法维卡仪：符合《水泥净浆标准稠度与凝结时间测定仪》(JC/T 727)]	《水泥标准稠度用水量、凝结时间、安定性检验方法》(GB/T 1346—2011)	2 年
		水泥胶砂搅拌机：符合《行星式水泥胶砂搅拌机》(JC/T 681)的要求		2 年
		水泥胶砂振实台：符合《水泥胶砂振动台》(JC/T 723)水泥限制膨胀率胶砂振实台的要求		2 年
		水泥养护水槽(设备)：温度 20℃±1℃		2 年
		水泥胶砂试模：符合《水泥胶砂试模》(JC/T 726)的要求	《水泥胶砂强度检验方法(ISO 法)》(GB/T 17671—2021)	2 年

续表

种类	试验项目	主要试验设备及要求	试验标准适用	检定/校准周期
水泥		抗压强度试验用夹具:符合《40mm×40mm 水泥抗压夹具》(JC/T 683)的要求	《水泥胶砂强度检验方法(ISO法)》(GB/T 17671—2021)	2年
		水泥胶砂流动度测定仪(流动度跳桌)	《水泥胶砂流动度测定方法》(GB/T 2419—2005)	2年
		烘干箱:控制温度 110℃±5℃,灵敏度±1℃	《水泥比表面积测定方法 勃氏法》(GB/T 8074—2008)	2年
		秒表:精确至 0.5s	《水泥化学分析方法》(GB/T 176—2017)	一次性
	细度	高温炉:温度可控制在 950℃±25℃	《水泥细度检验方法 筛析法》(GB/T 1345—2005)	3年
	比表面积	负压筛析仪(负压在 4000~6000Pa 可调)	《水泥标准稠度用水量、凝结时间、安定性检验方法》(GB/T 1346—2011)	3年
	凝结时间	沸煮箱:符合《水泥安定性试验用沸煮箱》(JC/T 955)的要求		3年
	安定性	量筒或滴定管:精度±0.5mL		一次性
	胶砂强度	雷氏夹膨胀测定仪:标尺最小刻度为 0.5mm		一次性
	烧失量	恒温水浴(水温可以稳定在 20℃±1℃)	《水泥密度测定方法》(GB/T 208—2014)	3年
粉煤灰	需水量比	游标卡尺:量程不小于 300mm,分度值不大于 0.5mm	《水泥胶砂流动度测定方法》(GB/T 2419—2005)	3年
矿粉	流动度比	截锥圆模:70mm×100mm×60mm(尺寸偏差±0.5mm)	《水泥密度测定方法》(GB/T 208—2014)	一次性
膨胀剂	活性指数	李氏瓶	《水泥密度测定方法》(GB/T 208—2014)	一次性
	(搅拌成型过程)	试验筛:0.08mm、0.045mm 方孔筛[符合《试验筛 金属丝编织网、穿孔板和电成型薄板 筛孔的基本尺寸》(GB/T 6005)的要求]	《水泥细度检验方法 筛析法》(GB/T 1345—2005)	每使用 100 次
		温度计:量程 0℃±50℃,分度值不大于 0.1℃(密度试验)	《水泥密度测定方法》(GB/T 208—2014)	一次性
		方孔筛:0.9mm	《水泥比表面积测定方法 勃氏法》(GB/T 8074—2008)	3年
		干燥器:内装变色硅胶	《水泥化学分析方法》(GB/T 176—2017)	硅胶保持干燥

续表

种类	试验项目	主要试验设备及要求		试验标准适用	检定/校准周期
		天平	1. 称量100g,感量0.01g		1年
			2. 称量1000g,感量1g(筛分析)		1年
			3. 称量2kg,感量2g		2年
			4. 称量5kg,感量5g		2年
	筛分析	秤:称量20kg,感量20g			3年
	亚甲蓝法	烘箱:温度控制范围为105℃±5℃			
	含泥量	三片或四片式叶轮搅拌器:转速可调(最高达600r/min,最低60r/min),直径(75±10)mm			3年
砂石	(石粉含量)	砂方孔试验筛一套(公称直径分别为:10.0mm、5.00mm、2.50mm、1.25mm、0.630mm、0.315mm、0.160mm),筛框直径为300mm或200mm			
膨胀剂	泥块含量	石方孔试验筛一套(公称直径分别为:100.0mm、80.0mm、63.0mm、50.0mm、40.0mm、31.5mm、25.0mm、20.0mm、16.0mm、10.0mm、5.00mm、2.50mm),筛框直径为300mm		《普通混凝土用砂、石质量及检验方法标准》〈JGJ 52—2006〉	3年
混凝土	针片状颗粒含量	试验筛:公称直径为0.08mm、1.25mm的方孔筛各一个			3年
外加剂	压碎值指标(选项)	针状规准仪和片状规准仪			3年
	限制膨胀率	游标卡尺			一次性
	固含量	压碎值指标测定仪			一次性
	pH值	定时装置:精度1s			一次性
	碱含量	温度计:精度1℃(水银或酒精)			一次性
	密度	移液管:5mL、2mL移液管各一个			一次性
		摇筛机			1年
		玻璃棒:2支,直径8mm,长300mm			一次性

177

续表

种类	试验项目	主要试验设备及要求	试验标准适用	检定/校准周期
砂石 膨胀剂 混凝土外加剂	筛分析	限制膨胀测量仪:测量由千分表和支架组成,千分表表刻度值最小为0.001mm(千分表)	《混凝土膨胀剂》(GB/T 23439—2017)	1年
	亚甲蓝法	膨胀剂养护箱:温度20℃±2℃,湿度60%±5%		1年
	含泥量(石粉含量)	比长仪(标准杆)		2年
	泥块含量	酸度计		1年
	针片状颗粒含量	离子色谱仪:包括电导检测器,抑制器,阴阳分离柱,进样定量环(25μL,50μL,100μL)		2年
	压碎值指标	火焰光度计	《混凝土外加剂匀质性试验方法》(GB/T 8077—2012)	2年
	限制膨胀率(选项)	超级恒温器或同条件的恒温设备		3年
	固含量	精密密度计		一次性
	pH值	波美比重计		一次性
	碱含量	1.18mm筛:采用《试验筛 技术要求和检验 第1部分:金属丝编织网试验筛》(GB/T 6003.1)规定的金属筛 手工干筛法	《水泥细度检验方法 筛析法》(GB/T 1345—2005)	一次性
	密度			
混凝土拌和物试验(包含外加剂混凝土相关性能试验)	坍落度	天平 电子天平:最大量程50kg,感量不应大于10g		1年
	坍落度经时变化值1h	电子天平:最大量程20kg,感量不应大于1g		
	减水率	单卧轴式强制搅拌机:符合《混凝土试验用搅拌机》(JG 244)要求,容量为60L		1年
	含气量	振动台:符合《混凝土试验用振动台》(JG/T 245)的规定	《普通混凝土拌合物性能试验方法标准》(GB/T 50080—2016)	2年
	凝结时间(凝结时间同差)	含气量测定仪:符合《混凝土含气量测定仪》(JG/T 246)的规定		3年
	泌水与压力泌水比表面积	压力泌水仪		3年
		贯入阻力仪:最大测量值不应小于1000N,精度±10N,(包括:加荷装置、测针、砂浆试样筒)		3年
		坍落度仪:符合《混凝土坍落度仪》(JG/T 248)的规定		一次性

续表

种类	试验项目	主要试验设备及要求	试验标准适用	检定/校准周期
混凝土拌和物试验（包含外加剂混凝土相关性能试验）	坍落度	钢尺	《普通混凝土拌合物性能试验方法标准》（GB/T 50080—2016）	一次性
	坍落度 1h 经时变化值	容量筒		一次性
	减水率	秒表：精度不低于 0.1s		一次性
	含气量	5mm 标准筛		一次性
	凝结时间（凝结时间差）	温湿度计（酒精）		一次性
	泌水与压力泌水	量筒		一次性
	比表面积	混凝土收缩膨胀仪（标准杆）	《混凝土膨胀剂》（GB/T 23439—2017）	2 年
混凝土力学性能、长期和耐久性能	抗压 劈裂抗拉 静力弹性模量 轴心抗压	混凝土压力试验机,通用试验机和《试验机》(GB/T 2611)中技术要求外,其测量精度为±1%,试件破坏载荷应大于压力试验机全量程的 20% 且小于压力试验机全量程的 80%,应具有加荷速度指示装置或加荷速度控制装置,并应能均匀、连续地加荷	《混凝土物理力学性能试验方法标准》（GB/T 50081—2019）	1 年
	抗折	低温试验箱：温度允许波动范围为 ±2℃	《混凝土防冻剂》（JC/T 475—2004）	1 年
	动弹性模量	混凝土动弹性模量测定仪	《普通混凝土长期性能和耐久性能试验方法标准》（GB/T 50082—2009）	1 年
	抗冻	混凝土抗冻试验仪:符合《混凝土抗冻试验设备》(JG/T 243)		1 年
	抗渗	混凝土抗渗仪:符合《混凝土抗渗仪》(JG/T 249)中的规定		2 年
		标准养护室控制仪:温度 20℃±2℃,相对湿度不低于 95%		2 年
		游标卡尺:量程不小于 200mm,分度值为 0.02mm		3 年
		试模:符合《混凝土试模》(JG 237)中的规定,试件尺寸公差不得超过 1mm　1. 立方体抗压,劈裂抗拉（3 个一组）：150mm×150mm/100mm×100mm×100mm　2. 弹性模量,轴心抗压（3 个一组）：150mm×300mm/100mm×100mm×300mm　3. 抗折（3 个一组）：150mm×150mm×600mm（或 550mm）/100mm×100mm×400mm	《混凝土物理力学性能试验方法标准》（GB/T 50081—2019）	塑料：一次性；钢模：2 年（定期核查,周期不超过 3 个月）

续表

种类	试验项目	主要试验设备及要求		试验标准适用	检定/校准周期
混凝土力学性能、长期性能和耐久性能	抗压 劈裂抗拉 静力弹性模量 轴心抗压 抗折 抗冻 动弹性模量	试模：符合《混凝土试模》(JG 237中的规定,(试件尺寸公差不得超过1mm)	4. 抗冻、动弹性模量(3个一组)：100mm×100mm×400mm	《普通混凝土长期性能和耐久性能试验方法标准》(GB/T 50082—2009)	塑料：一次性； 钢模：2年(定期核查,周期不超过3个月)
		塞尺	5. 抗渗(6个一组)：上口直径175mm,下口直径185mm,高度150mm的圆台体试件	《混凝土物理力学性能试验方法标准》(GB/T 50081—2019)	一次性
	抗渗	万能角度尺			一次性

1. 结果确认原则

（1）试验仪器设备结果应尽量依循先满足试验方法、产品标准的要求确认；

（2）如果标准中确无要求，则应按满足试验仪器设备或检定规程的要求确认。

2. 范例1：混凝土抗压强度试验机的校准确认

GB/T 50081—2019 第5章抗压强度对混凝土抗压强度试验仪器设备的量程（20%～80%）、示值相对误差（±1%）、上下承压板、加荷速度控制装置等均做出具体规定。校准确认则针对第三方出具的校准报告，主要确认校准其量程和示值相对误差是否满足GB/T 50081—2019 的要求（表7-2）。

表7-2 压力试验机校准（测试）结果确认书

仪器设备名称、编号	电液式压力试验机 C-200		
型号规格	YA-3000B（量程 3000kN）		
校准（测试）单位	北京××计量检定有限公司		
校准或测试证书编号	JZ20215010017		
校准（测试）日期	2023年3月1日	校准/测试周期	1年
校准（测试）结果判定依据	GB/T 50081—2019		
量程	校准或测试结果示值		确认
标准值（kN）	示值相对误差（%）	重复性相对误差（%）	
300	+0.1	0.1	计量量程（20%～80%）的使用要求；示值相对误差最大误差为符合±1%的要求
600	+0.1	0.1	
1200	+0.1	0.1	
1800	+0.3	0.2	
2400	+0.2	0.1	
3000	+0.2	0.2	
试验员（或设备管理员）意见： 　　校准结果满足《混凝土物理力学性能试验方法标准》（GB/T 50081—2019）标准中对设备要求，可用于本标准及其他标准同精度适当量程中相关项目检测。 签字 　　　　年　月　日			
技术负责人批准： 签字 　　　　年　月　日			

注：设备如涉及分解成多个计量参数计量，请按照单个参数分别填写计量要求。

3. 范例2：电子天平的校准确认

首先依据《电子天平检定规程》（JJG 1036—2022），确认其示值误差是否符合要求，确认电子天平是否合格；然后再依据试验标准要求的最大称量、精度或分度值，确认该电子天平是否符合试验的使用要求。

例：水泥胶砂强度试验用电子天平：最大量程 6kg 的电子天平，实际分度值（d）为 0.1g，检定分度（e）为 10d，最小称量（min）为 5g，最大称量（max）为 6000g。电子天平校准（测试）结果确认可参考表 7-3。

表 7-3　电子天平校准（测试）结果确认表

仪器设备名称、编号		电子天平 17342017	
型号规格		TC6K-H	
校准（测试）单位		北京××计量检定有限公司	
校准或测试证书编号		JZ20212030167	
校准（测试）日期		2023 年 05 月 18 日	
校准（测试）结果判定依据		《电子天平检定规程》（JJG 1036—2022） 《水泥胶砂强度检验方法（ISO 法）》（GB/T 17671—2021）	
JJG 1036—2008 要求（$e=1g$）	校准载荷点（g）	示值误差（g）	校准或测试周期
最大允许偏差	$\pm 0.5e$	5	0.0	1 年
	$\pm 0.5e$	50	0.0	
	$\pm 0.5e$	500	0.0	
	$\pm 0.5e$	2000	＋0.1	
	$\pm 1.0e$	5000	＋0.1	
	$\pm 1.0e$	6000	＋0.1	
GB/T 17671—2021 中要求		分度值不大于$\pm 1g$	

试验员（或设备管理员）意见：
　　校准结果满足《电子天平检定规程》（JJG 1036—2022）标准中的要求，可用于 GB/T 17671—2021 试验标准规定及同精度适当量程中的相关项目检测。

签字
年　月　日

技术负责人批准：

签字
年　月　日

第二节　仪器设备标识、使用与期间核查

一、仪器设备标识管理

仪器设备的标识管理是检查仪器设备处于受控管理的措施之一。仪器设备的状态标识分为"合格""准用""停用"3 种，通常以"绿""黄""红"3 种颜色标识，具体标志如下。

（1）合格标志（绿色）：标识经校准、检定或比对合格，确认其符合使用要求。

（2）准用标志（黄色）：仪器设备存在部分缺陷，但在限定范围内可以使用的（即受限使用的），包括多功能检测设备，某些功能丧失，但试验所用功能正常，且校准、检定或比对合格者；测试设备某一量程准确度不合格，但试验所用量程合格者；降等降级后使用的仪器设备等。

（3）停用标志（红色）：仪器设备目前状态不能使用，但经校准或核查证明合格或修复后可以使用的。停用包括：设备仪器损坏者；仪器设备经校准、检定或比对不合格者；仪器设备性能暂时无法确定者；仪器是超过周期未校准、检定或比对者；不符合试验标准规定的使用要求者。

（4）仪器设备标识应是唯一的，标识的内容应包括仪器设备编号、校准或检定日期及有效期。

二、使用

试验人员在试验前、后均应对仪器设备进行检查，确认仪器设备是否处于正常状态，严格按仪器设备安全操作规程进行操作，定期对仪器设备进行维护保养，并做好仪器设备使用、维护保养记录。如发现异常，应查明原因，并对试验结果的可靠性进行验证，当仪器设备出现下列情况之一时，应停止使用：

（1）当仪器设备在量程刻度范围内出现裂痕、磨损、破坏、刻度不清或其他影响测量精度时；

（2）当仪器设备出现显示缺损、不清或按键不灵敏等故障时；

（3）当仪器设备出现其他可能影响检测结果的情况时。

停用设备经维修后需重新检定或校准，确认合格后方可使用，无法修复的进行报废处理。

三、期间核查

1. 期间核查概念

在《通用计量术语及定义》（JJF 1001—2011）中将期间核查定义为：根据规定程序，为了确定计量标准、标准物质和其他测量仪器是否保持其原有状态而进行的操作。

期间核查不是一般的功能检查，更不是缩短检定或校准周期，其目的是在两次正式检定/校准的间隔期间，为防止使用不符合检验检测技术规范要求的设备，应用确定的技术方法，对有关设备所开展的一种技术检验活动。

2. 期间核查的重点

其对象主要是针对仪器设备的关键性能稳定差、使用频率高和经常携带运输到现场工作以及使用环境恶劣的仪器设备。并不是所有的设备都要进行期间核查。

3. 开展"期间核查"的方法

期间核查方法也是多样的，基本上以等精度核查的方式进行，如仪器间的比对，方法比对、标准物质验证、加标回收、单点自校、用稳定性好的样件重复核查等。更多的期间核查是通过核查标准来实现的，所谓核查标准是指用来代表被测对象的一种相对稳定的仪器、产品或其他物体，它的量限、准确度等级都应接近于被测对象，而它的稳定性要比实际的被测对象好。

4. 期间核查数据分析和评价

期间核查后，应对数据进行分析和评价，以求真正达到"期间核查"要求的目的。对经分析发现仪器设备已经出现较大偏离，可能导致检测结果不可靠时，应按相关规定处理（包括重新校核）。

预拌混凝土企业根据期间核查的概念和要求识别企业需期间核查的仪器设备，编制相应的规程，并按规程进行核查。

5. 范例 1：混凝土试模期间核查规程

1）本规程适用于混凝土试模期间核查，核查周期为 3 个月。

2）技术要求。

依据《混凝土试模》（JG/T 237—2008）和《混凝土物理力学性能试验方法标准》（GB/T 50081—2019）中 4.1 仪器设备中规定。

（1）外观：试模的表面应光滑、平整，无影响使用的缺陷。

（2）平直度：试模内部竖向表面的平直度应小于 0.2mm/100mm。

（3）垂直度：试模内部各相邻面的垂直度应小于 0.2mm/63mm。试模内部尺寸规格及允许最大偏差见表 7-4。

表 7-4 试模内部尺寸规格及允许最大偏差

规格（mm×mm×mm）	宽（mm）	深（mm）	长（mm）
100×100×100	100±0.2	100±0.2	100±0.2
150×150×150	150±0.5	150±0.5	150±0.5
200×200×200	200±1.0	200±1.0	200±1.0
100×100×300	100±0.2	100±0.2	300±1.0
100×100×400	100±0.2	100±0.2	400±1.2
150×150×515	150±0.5	150±0.5	515±1.5
150×150×550	150±0.5	150±0.5	550±1.5

3）核查用计量标准器具。

（1）游标卡尺：测量范围 0～300mm，分度值 0.02mm。

（2）深度尺：测量范围 0～300mm，分度值 0.02mm。

（3）钢直尺：测量范围 0～150mm，或 0～1000mm，分度值 1mm。

（4）宽坐直角尺：63mm，1 级。

（5）塞尺：0.02～1.0mm。

4）环境：温度：20℃±10℃，相对湿度：≤85%。

5）方法：依据 JG/T 237—2008 采取抽样的方法进行。

（1）外观检查：目测检查试模是否完好、是否有影响使用的缺陷。

（2）平直度测量：用 150mm 钢直尺和塞尺测量试模内部竖向表面的平直度，确认其是否小于 0.2mm/100mm。

（3）垂直度测量：用宽坐直角尺和塞尺测量试模内部各相邻面的垂直度，确认其是否小于 0.2mm/63mm。

（4）试模内部尺寸测量：用游标卡尺和深度尺（当测量尺寸大于 300mm 时用钢直

尺）测量试模内部长度，选不同的测量点测 3 次，以平均值作为测量结果，根据技术要求判断其是否合格。

6）核查结果处理。

校验结果符合各项技术要求为合格，合格者方可使用。

7）混凝土试模期间核查记录见表 7-5。

表 7-5　混凝土试模核查记录表

设备编号：				核查编号：		
规格/型号：				制造厂：		
环境条件：温度　　℃；湿度　　%RH				校验日期：　年　月　日		
校验用计量标准器具	名称	编号	规格/型号		有效期	
	游标卡尺		300mm/ 0.02mm		年　月　日	
	深度尺		300mm/ 0.02mm		年　月　日	
	钢直尺		150mm/1mm		年　月　日	
	钢直尺		1000mm/1mm		年　月　日	
	宽坐直角尺		63mm		年　月　日	
	塞尺		0.02~1.0mm		年　月　日	
校验结果						
校验项目	技术要求	数据记录		测量结果	结论	
外观	无影响使用的缺陷					
平直度测量	小于 0.2mm/100mm					
垂直度测量	小于 0.2mm/63mm					
试模内部尺寸测量（mm）	宽：					
	高：					
	长：					
核查结果判定		□符合　　□不符合				
核查结果处理		□继续使用　　□停止使用，查找原因				
核查人		审核人		批准人		

6. 范例 2：水泥自动养护水槽期间核查规程

依据《水泥胶砂强度检验方法（ISO 法）》（GB/T 17671—2021），养护池水温应保持在 20℃±1℃。水泥自动养护水槽是预拌混凝土企业使用频率很高的设备，几乎常年不间断运行，养护水温对水泥胶砂强度的检测结果影响又很大，因此应加强养护水槽的期间核查。

1）概述

本规程适用于水泥自动养护水槽的定期核查，通常情况核查周期为 6 个月，如设备出现故障修复好后，在此后半年内核查周期缩短为 3 个月。

2）技术要求

核查结果的（示值）误差不超过最大允许误差 MPE（取 0.8MPE）。

3）核查用计量标准器具

温度计：测量范围 $0\sim30℃$，精度 $0.1℃$。

4）环境条件：温度：$20℃\pm5℃$

5）核查方法

核查用温度计经校准或定值后，可根据水泥自动养护水槽的稳定性，定期利用温度计对其进行核查。在规定的条件下，测量中心温度、两个对角线上下部位温度，短时间重复测量 N 次（通常 $N\geqslant10$，重复性好的情况可适当减少测量次数），得到算术平均值 $X_{平均}$，核查点的（示值）误差 $X_{误差}=X_{平均}-20$。

6）核查结果处理

核查结果的（示值）误差未超过最大允许误差 MPE（取 0.8MPE），则核查通过；若核查结果的误差接近最大允许误差 MPE（取 0.8MPE），则应加大核查次数或采取其他有效措施，必要时进行再校准。若核查结果的误差超过最大允许误差 MPE（取 0.8MPE），则应立刻停止使用，必要时进行再校准。

7）水泥自动养护水槽核查见表7-6。

表 7-6　水泥自动养护水槽核查表

被核查对象	名称		编号	标称温度	MPE方法
	自动养护水槽		8	20℃	1℃
核查标准	名称	编号	型号规格	精确度	MPE
	温度计	124	0~30℃	0.1℃	0.8℃
环境条件	温度：(21.5~23.5)℃		核查时间	2022 年 9 月 25 日	
测量次数	示值（℃）				
	中心	左上对角线	左下对角线	右上对角线	右下对角线
1	20.3	20.1	20.2	19.9	19.9
2	20.3	20.1	20.1	20.0	19.8
3	20.3	20.0	20.1	20.1	19.7
4	20.3	20.1	20.2	20.1	19.8
5	20.2	20.1	20.1	20.0	19.8
6	20.2	20.0	20.1	19.9	19.9
7	20.2	20.1	20.2	19.8	19.9
8	20.2	20.1	20.1	19.8	19.9
9	20.3	20.2	20.2	19.9	19.9
10	20.2	20.1	20.1	19.9	19.9
平均	20.2	20.1	20.1	19.9	19.8
误差	+0.2	+0.1	+0.1	-0.1	-0.2
核查结果判定			☑符合　　□不符合		
核查结果处理			☑继续使用　　□停止使用，查找原因		
核查人		审核人		批准人	

参考文献

［1］ 李彦昌，王海波，杨荣俊．预拌混凝土质量控制［M］．北京：化学工业出版社，2016.

［2］ 夏寿荣．混凝土外加剂配方手册［M］．北京：化学工业出版社，2010.

［3］ 缪昌文．高性能外加剂［M］．北京：化学工业出版社，2008.

［4］ 宋少民，王林．混凝土学［M］．武汉：武汉理工大学出版社，2013.

［5］ 陈昌礼，屠庆模，凌友志．硅粉混凝土的基本性能与工程应用［J］．新型建筑材料，2008，35（4）：43-46.

［6］ 王洪，陈伟天，陈昌礼．硅灰对高强混凝土强度影响的试验研究［J］．混凝土，2011（7）：74-76.

［7］ 杭美艳，高萌，孙成晓．石灰石粉尘对水泥胶砂性能的影响研究［J］．混凝土与水泥制品，2013（5）：13-15.

［8］ 肖佳，许彩云．石灰石粉对水泥混凝土性能影响的研究进展［J］．混凝土与水泥制品，2012（7）：75-80.

［9］ 彭园，高育欣．白云石粉用作混凝土掺合料的试验研究［J］．混凝土与水泥制品，2014（6）：13-16.

［10］ 杨钱荣，黄士元．引气剂混凝土的特性研究［J］．混凝土，2008（5）：3-7.

［11］ 冯乃谦．实用混凝土大全［M］．北京：科学出版社，2001.

［12］ 王兵峰，汤国庆，唐腾飞．混凝土尺寸效应研究［J］．低温建筑技术，2014（36）：6.

［13］ 吴中伟，廉慧珍．高性能混凝土［M］．北京：中国铁道出版社，1999.

［14］ 梅塔，蒙特罗．混凝土：微观结构、性能和材料［M］．3版．覃维祖，王栋民，丁建彤，译．北京：中国电力出版社，2008.

［15］ 张誉，蒋伟平，屈文俊．混凝土结构耐久性概论［M］．上海：上海科学技术出版社，2003.

［16］ 卢木，王濮信．混凝土中钢筋锈蚀的研究现状［J］．混凝土，2000（2）：37-41.

［17］ 龚洛书，柳春圃．混凝土的耐久性及其防护修补［M］．北京：中国建筑工业出版社，1990.

［18］ 韩素芳，王安岭．混凝土质量控制手册［M］．北京：化学工业出版社，2011.

［19］ 西德尼·明德斯，J. 弗朗西斯·杨，戴维·达尔文．混凝土［M］2版．吴科如，等译．北京：化学工业出版社，2005.

［20］ 冯乃谦，邢锋．高性能混凝土技术［M］．北京：中国原子能出版社，2000.